Hans Werner Ingensiep und Heike Baranzke

Das Tier

Das Tier diente von jeher dazu, die Identität des Menschen zu bestimmen. Die theoretischen Leitfragen »Was ist das Tier?« und »Was kann ich vom Tier wissen?« enden daher oft in einem anthropologischen Abgrenzungsdiskurs.
Die aktuelle Tierethikdebatte wird heute unter dem Primat der Gleichheitsfrage geführt. Dabei ist die Frage »Wer ist so wie wir?« für die empirische Anwendungsdiskussion so unverzichtbar, wie sie für die ethisch-begründungstheoretische Erörterung irreführend ist. Eine kritische Philosophie der Mensch-Tier-Beziehung hat diese Klippen zu beachten.

Hans Werner Ingensiep, geboren 1953, ist Professor für Philosophie und Wissenschaftsgeschichte an der Universität Duisburg-Essen.

Heike Baranzke, geboren 1961, ist wissenschaftliche Mitarbeiterin am Lehrstuhl für Theologische Ethik an der Universität Bonn.

Gemeinsame Buchpublikationen zusammen mit Franz-Theo Gottwald (Hg.): *Leben Töten Essen. Anthropologische Dimensionen* (2000); zusammen mit Anne Eusterschulte (Hg.): *Kant Reader. Was kann ich wissen? Was soll ich tun? Was darf ich hoffen?* (2004).

Grundwissen Philosophie

Das Tier

von

Hans Werner Ingensiep

und Heike Baranzke

Philipp Reclam jun. Stuttgart

RECLAM TASCHENBUCH Nr. 20320

Reihengestaltung Grundwissen Philosophie:
Gabriele Burde
Umschlagabbildung vorn: fotosearch.de
Umschlagabbildungen hinten: Copyright bei den Autoren
Satz: Steffi Glauche, Leipzig
Druck und Bindung: Reclam, Ditzingen
Printed in Germany 2008
RECLAM ist eine eingetragene Marke
der Philipp Reclam jun. GmbH & Co., Stuttgart
ISBN 978-3-15-020320-0

www.reclam.de

Inhalt

Das Tier als philosophische Frage

In der Tradition wurde das Tier – von Aristoteles über Descartes bis hin zur philosophischen Anthropologie und analytischen Philosophie nach Wittgenstein – oft belächelt. Die moderne Bioethik hat es hingegen zu einem seriösen Thema erhoben. Heute beschäftigen sich viele Philosophen mit dem Tier, finden oder erfinden alte und neue Probleme.

Welche Fragen wirft »das Tier« in der Philosophie auf? Die bisherige Philosophie drehte sich fast ausschließlich um den Menschen – es ging um seine Seele, seine Stellung im Kosmos, seine ethische Lebensführung, um seine Sprache und sein Wissen von der Welt oder um eine gerechte Staatsordnung. Insofern hat sich in der Geschichte der Philosophie von Platon bis Davidson nicht viel geändert: Der Mensch stand im Mittelpunkt philosophischen Denkens. Immanuel Kant hatte versucht, die unterschiedlichen philosophischen Fragen unter die Kernfrage »Was ist der Mensch?« zu bringen. Eine vernünftige Erkenntnisphilosophie (»Was kann ich wissen?«), eine vernünftige Ethik (»Was soll ich tun?«) und eine vernünftige Religionsphilosophie (»Was darf ich hoffen?«) sollten im Verbund die anthropologische Kernfrage beantworten. Dieses Fragenspektrum erscheint heute problematisch. Essenzialistische Was-ist-Fragen stehen grundsätzlich unter Ideologie- beziehungsweise Metaphysikverdacht, denn sie zielen auf dogmatisch unbeantwortbare Wesensfragen. »Der Mensch« gilt in der modernen Philosophie als Konstruktion oder Phantom, er ist in eine Pluralität von Individuen, Ethnien und Gesellschaften zerfallen oder kreativ dekonstruiert worden. Wenn also nach Nietzsche nicht nur Gott, sondern auch »der Mensch« tot ist, wie kann dann noch über »das Tier« philosophiert werden?

Welcher philosophische Ertrag kann von der Frage nach dem Tier als philosophischer Frage erwartet werden? Die Antwort hängt davon ab, welche besonderen Fragen zum »Tier« gestellt werden. Wir haben uns entschieden, in Anlehnung an Kants vier Schlüsselfragen ein Spektrum tierphilosophischer Positionen und Probleme vorzustellen. 1. Was ist das Tier? 2. Was kann ich vom Tier wissen? 3. Was soll ich in Ansehung des Tieres tun? 4. Was darf das Tier hoffen? Diese Fragen machen deutlich, dass kritische Tierphilosophie keine Philosophie aus der Perspektive des Tieres sein kann, sondern stets eine Philosophie über unsere menschlichen Vorstellungen vom Tier ist. Damit ist zugleich klar, dass Tierphilosophie immer auch philosophische Anthropologie ex negativo ist, anthropologische Selbstvergewisserung. Denn was »das Tier« ist, hängt wesentlich vom Menschenbild ab und umgekehrt. Die Begriffe »Mensch« und »Tier« bestimmen sich gegenseitig, was erklärt, dass Tierphilosophie sich weitgehend mit »dem Tier« als dem unspezifischen Gegenbegriff zum »Menschen« beschäftigt. Die artspezifischen oder individuellen Verschiedenheiten kommen erst in empirischer Einstellung ins Blickfeld, zum Beispiel in der Ethologie, besonders in der Primatologie und Tierpsychologie oder bei konkreten Fragen angewandter Tierschutzethik. Insofern führen unsere vier Fragen erneut zu Kants Schlüsselfrage »Was ist der Mensch?« zurück.

Was ist das Tier? Diese erste Frage trägt der These Rechnung, dass über das Tier keinerlei Aussagen gemacht werden können ohne eine Theorie des Lebens und des Lebewesens. Deshalb sind zuerst biophilosophische Grundlagen zu legen, neben den aktuellen auch historische, die teils bewusst, teils unbewusst viele philosophische Debatten über Tiere mitbestimmen. Der Einfluss der hierarchischen Stufentheorie des Organischen von Aristoteles auf die abendländischen Konzepte vom Tier bis hin zu evolutionären Sichtweisen ist ein wichtiges Leitmotiv in der vorliegenden Darstellung. Im Anschluss daran werden grundlegende Tierkonzepte der abendländischen Philosophie vorgestellt, die den philosophischen Diskurs über das Tier befruchtet haben: das Tier als Sinnenwesen, als Instinktwesen, als Automat oder als Subjekt, das im 20. Jahrhundert von Jakob von Uexküll, Helmuth Plessner oder Hans Jonas neu thematisiert wurde.

Mit der Frage »Was kann ich vom Tier wissen?« wird die Wende von der biophilosophischen Spekulation zur kritischen Epistemologie vollzogen. Können wir wissen, wie es ist, eine Fledermaus zu sein? Verfügen Tiere über Begriffe, Bewusstsein, Erwartungen, Überzeugungen, Interessen oder Sprache? Oder fallen derartige Erkenntnisbestrebungen unweigerlich dem Vorwurf des Anthropomorphismus zum Opfer? Vertreter der modernen Philosophie des Geistes, der Sprache oder der analytischen Philosophie wie Davidson und Searle ringen miteinander um solche Themen, wenngleich ihr Grundanliegen eigentlich nicht dem Verstehen des Tieres gilt. Ob nun Chrysipps oder Wittgensteins Hund - konkrete Tiere sind meist nur das Vehikel für prinzipielle Klärungen von Erkenntnismöglichkeiten. Insbesondere werden Philosophen durch die Sprachversuche mit Menschenaffen herausgefordert und beziehen Stellung.

Wenn Tieren mit der Sprache jegliches Interesse oder mit dem Bewusstsein die Leidensfähigkeit abgesprochen wird, dann stellt sich die moralphilosophische Frage neu, was ich mit Tieren tun darf. Der kritischen Sprachanalyse und (neo-)cartesianischen Tierautomatentheorie zum Trotz hat Tierethik weiterhin Konjunktur. Denn der unphilosophische Alltagsverstand ist meist ungebrochen davon überzeugt, dass Tiere leidens- und glücksfähig sind. Die intellektualistisch-eudämonistischen Ethiken der Antike verwehrten den Tieren den Zutritt zur moralischen Gemeinschaft der Gleichen, aber die sentientistisch-hedonistischen, an Empfindungsfähigkeit orientierten Tierethiken der Moderne bereiten den »haarigen Vettern« des Menschen den Weg in eine »moral community« der Gleichen. Am Leitfaden des Gleichheitsdiskurses werden Grundtypen tierethischer Argumentationen vorgestellt und mit einer Analyse des modernen Speziesismusvorwurfs abgeschlossen. Denn was der modernen Epistemologie der Anthropomorphismus und die voreilige Analogie ist, das ist der modernen Tierethik der Speziesismus: eine vielleicht unheilbare Krankheit, die der permanenten Suche nach einer Antwort auf die Egalitätsfrage anhaftet: Wer ist so wie wir?

Die vorliegende Einführung möchte mit klassischen Grundpositionen und Argumentationen bekannt machen. Die Flut der Literatur ließ nur eine Auswahl zu, die wie geschichtliche Einbettungen im Dienst der systematischen Erschließung tierphilosophischer Diskurse steht. Akzente wurden bei weniger bekannten Aspekten gesetzt. Tierethik wird heute meist als anglophones Unternehmen wahrgenommen, was für die neuere Tierrechtsethik auch zutrifft. Diese kommt mit Regan, Ryder oder Singer ausführlich zu Wort. Dass aber die Anfänge der Tierrechtsethik und Tierschutzbewegung in der Antike, der Reformation und in der Aufklärung liegen, und damit in einer breiten geistigen Kultur, wird durch die Dominanz der englischsprachigen Tierethik und Tierschutzgeschichte verdeckt.

Wir danken den ersten Lesern am Institut für Philosophie der Universität Duisburg-Essen, Marc Meinhardt und Sandra Meyer, für hilfreiche Hinweise zu einer früheren Form des Manuskripts und dem Verlag für die Möglichkeit zur Publikation.

Was ist das Tier? – Biophilosophische Grundlagen und klassische Konzepte

Das Tier als Lebewesen: heterotroph – mobil – empfindungsfähig

Was ist »das Tier«? Wir begegnen im Alltag vielen einzelnen Tieren, aber »das Tier« ist kein Gegenstand der Erfahrung, sondern ein Name für ein Konstrukt, das erst im Rahmen kultureller Ordnungsmuster verständlich wird. In allgemeinen Gegenwartslexika wird »das Tier« biologisch eher in Opposition zur Pflanze als zum Menschen gesetzt. Die aufgezählten Tier-Pflanze-Differenzen betreffen primär die typische Ernährungsweise und die dominierende Nahrungsquelle. Tiere gelten als heterotrophe (griech. *héteros* = der andere, *trophé* = Ernähren) Lebewesen, die zwecks individueller Selbsterhaltung ihre Energiebedürftigkeit dadurch befriedigen, dass sie von anderen Lebewesen leben – als Karnivoren vom Fleisch anderer Tiere, als Herbivoren von Pflanzen oder als Omnivoren von beidem. Zu den faktischen Gemischtköstlern unter den Tieren wird auch der Mensch gezählt. Dem heterotrophen Tier wird die autotrophe Pflanze gegenübergestellt, die in der Lage ist, sich selbst unabhängig von anderen Organismen zu ernähren. Pflanzen sind Lebewesen, die ihre organischen Bestandteile mithilfe von anorganischen Stoffen (Assimilation) und Licht (Fotosynthese) aufbauen, um ihre besondere organische Form zu erhalten. Alle Tiere nutzen diese pflanzliche Energie, um selbst leben zu können, sei es direkt als Pflanzenfresser oder indirekt als Raubtier. Daher gilt die Faustregel: Pflanzen sind autotrophe Lichtesser, Tiere aber heterotrophe Energieräuber, die letztlich von ursprünglich in Pflanzen gesammeltem Licht beziehungsweise von biochemisch fixierter Energie leben.

Neben dieser primären energetischen Charakterisierung werden mit Blick auf die meisten höheren Tiere sekundäre Merkmale zur Unterscheidung von Tieren und Pflanzen herangezogen, von denen zwei bis heute eine zentrale Rolle in der philosophischen Auseinandersetzung mit dem Tier spielen: Es handelt sich um die im Rahmen der aristotelischen Naturphilosophie erstmalig klar benannten Unterscheidungskriterien der Ortsbewegung und der Empfindung. Freie Ortsbewegung und der Besitz besonderer Sinnesorgane wie Augen erlauben den meisten höheren Tieren die räumliche Erfassung von Umwelt, Artgenossen und Beute. Die extern induzierte Sinnesempfindung kann mit intern induzierten Gefühlen verbunden vorliegen – mit Hunger und Durst, Angst und Lust. Deren Befriedigung oder Vermeidung steht wiederum in einem funktionellen Zusammenhang mit dem Vermögen zu freier Ortsbewegung: Das Tier muss geeignete Beute durch Sinnesorgane identifizieren können, um sie zwecks Ernährung verfolgen und vertilgen zu können. Das äußerlich beobachtbare Bewegungsverhalten kann also bei höheren Tieren mit einem nicht beobachtbaren inneren Empfindungsleben verbunden sein, womit bereits ein tierphilosophisches Problem angesprochen ist.
Die Entkoppelung dieser beiden sekundären Merkmale des Tieres – Sinnesempfindung und freie Ortsbewegung – führt zu einer dualistischen Betrachtung des Tieres von »innen« und »außen« und entsprechend einseitigen philosophischen und biologischen Zugängen zum Tierleben. Auf die Innenperspektive fokussierte Beschreibungen von unbeobachtbaren Empfindungen und Innenzuständen eines Tieres setzen den Vergleich mit menschlichem Empfinden und Vorstellen voraus. Aufgrund von Introspektion werden analoge Zustände beim Tier vermutet, denen man sich durch Einfühlung nähert. Gegen dieses bis weit ins 20. Jahrhundert angewendete Verfahren der klassischen Tierpsychologie, nach dem nicht nur höheren Tieren wie Affen, Pferden oder Hunden (etwa in *Brehms Tierleben*), sondern – so

der Darwinist Ludwig Büchner im *Geistesleben der Tiere* (1876) - auch Ameisen oder Bienen ein »Geistesleben« bescheinigt wurde, wurde der Anthropomorphismus-Vorwurf erhoben. Um einer derart kritisierten Vermenschlichung des Innenlebens von Tieren zu entgehen, akzeptierten kritische Tierforscher in der Folge nur noch eine Beschreibung des beobachtbaren *Verhaltens* von Tieren. Die introspektiv arbeitenden Tierpsychologen wurden von Behavioristen (John B. Watson, William McDougall) abgelöst, für die ein Innenleben oder Bewusstsein von Tieren bestenfalls eine heuristische Fiktion darstellte. Als methodisch sauber galt die rein empirisch gestützte Prognose, sodass lediglich das äußerlich beobachtbare individuelle Bewegungsverhalten unter definierten Randbedingungen beschrieben und erklärt wurde.
Die durch die sekundären Merkmale von Wahrnehmung beziehungsweise Empfindung und freier Ortsbewegung bedingte klassische Innen-außen-Perspektive auf das Tier stimuliert immer wieder neue philosophische Diskussionen, während die moderne primär energetische Betrachtung des Tieres, seine Heterotrophie, in den Hintergrund tritt.

Die Stellung des Tieres im Kosmos: Von der statischen Seelenstufenordnung zum dynamischen Evolutionsprozess

Wird das Tier als Lebewesen vor allem durch seine Abgrenzung von Pflanzen mithilfe von primären (Heterotrophie/Autotrophie) und sekundären Merkmalen (Empfindung, Ortsbewegung) bestimmt, stellt sich die Frage: Was eigentlich ist ein Lebewesen? Was ist Leben? Fragen dieser Art stehen am Anfang des naturphilosophischen Denkens der Antike. Ihre Antworten wirken bis in die Gegenwart nach, und zwar bereits auf der Ebene der Terminologie.
Für Aristoteles (384 - 322 v. Chr.) schloss Leben das Vermögen zur Selbstbewegung ein, das alle Organismen kenn-

zeichnete. Unter »Organismus« – ein Wort des 17. Jahrhunderts – wird ein Körper verstanden, der von einer Seele (*psyché*), das heißt von einem inneren, immateriellen Selbstbewegungsprinzip, bewegt wird, wobei Bewegung in der Antike neben der Ortsbewegung auch alle spontanen Lebensbewegungen von Organismen wie beispielsweise Wachstums- oder Wahrnehmungsprozesse umfasst. Der materielle natürliche Körper dient dabei der *psyché* als Werkzeug (*órganon*), um ein bestimmtes Formziel als Zweck (*télos*) zu verwirklichen, etwa vom befruchteten Ei zur adulten Henne. »Organe« sind daher Mittel zur Verfolgung von Seelenzwecken, und ein Organismus ist die Einheit all dieser von einer *psyché* benutzten Organe zur Verwirklichung ihrer besonderen Zwecke. Irdisches Leben ist an diese besondere Daseinsweise eines Organismus gebunden, nach Aristoteles an eine Entelechie (von griech. *én télos échein*, ein Kunstausdruck, der etwa bedeutet: in sich selbst ein Ziel haben). Der Lebensprozess ist demnach ein aufgrund einer immateriellen Seele auf ein Ziel gerichteter Prozess, wobei darunter im weiteren Sinne die individuelle Entwicklung (Ontogenese) verstanden werden kann. Das An-Organische, also das Nicht-Lebendige, unterscheidet sich von dem Organischen als dem Lebendigen durch das Fehlen der Psyche. Nur Organismen bedürfen einer Psyche als Selbst- beziehungsweise Lebensbewegungsprinzip. Somit kennzeichnet eine teleologische Biophilosophie das Organische bei Aristoteles.

Die aristotelische Psyche kann in drei aufeinander aufbauenden Grundformen auftreten: zunächst im empfindungslosen, an den Ort gebundenen (sessilen) Entwicklungsprozess der Pflanze, deren Seelenvermögen sich auf Wachstums-, Ernährungs- und Fortpflanzungsprozesse beschränkt, dann im darüber hinaus empfindungsfähigen, durch freie Ortsbewegung sich auszeichnenden (mobilen) Tier und schließlich im Menschen, der all diese Lebensbewegungen durch das hinzutretende Vermögen der Vernunft krönt. In scholastischer lateinischer Terminologie heißen die drei Psycheformen: 1. *anima vegetativa*, 2. *anima sensitiva*, 3. *anima rationalis*. Je mehr Vermögen eine Lebensseele aufweist, umso vollkommener ist sie und der von ihr zielgerichtet bewegte Organismus nimmt in der hierarchisch gestuften Seelenordnung einen umso höheren Rang ein. Neben der horizontalen ontogenetischen Teleologie (Entelechie) existiert somit noch eine vertikale teleologische Lebenshierarchie. Ein Organismus wird horizontal, entelechial, das heißt »ontogenetisch« (intern-teleologisch) betrachtet als ein um seiner selbst willen durch seine Psyche hervorgebrachter Organismus. Vertikal (extern-teleologisch) betrachtet, das heißt nach dem Grad der Vollkommenheit seiner Seele, existiert das niedrigere Seelenvermögen als Fundament für das nächsthöhere und der niedrigere Organismus um des nächsthöheren willen, was konkret bedeutet: Pflanzen existieren um der Tiere willen und beide – Pflanzen und Tiere – um des Menschen willen. (Aristoteles, Politik 1256 b) Das Anorganische ist schließlich um des Organischen willen da. Die teleologisch begründete, durch Seelenstufen aufgebaute Hierarchie der Naturreiche prägt bis heute unseren Alltagsverstand und dient noch in aktuellen tierphilosophischen Diskursen als hierarchische Referenzordnung. Die Rede von »dem Tier« wird von der Antike bis heute im Fadenkreuz dieser beiden teleologischen Achsen bestimmt.

Als Lebewesen (gr. *zôon*) wurde zunächst auch die zwar sessile, aber dennoch empfindende Pflanze bezeichnet. Aristoteles schränkte den Begriff *zôon* auf Tiere und Menschen ein und wird damit zum Begründer der »Zoologie« als Wissenschaft von den Tieren. Dadurch rückte er das Tier von der Pflanze weg und näher zum Menschen hin. Er spricht den Pflanzen das Empfindungsvermögen ab, das für ihn ohne freie Ortsbeweglichkeit keinen Sinn macht. Als zwar noch lebendige Formen, aber nicht mehr vollwertige Lebewesen existieren Pflanzen im Zwischenbereich zwischen dem Anorganischen und den Tieren. Das Tier (lat. *animal*) – insbesondere das freibewegliche Wirbeltier – wird zum Paradigma des Lebewesens schlechthin, zum Träger einer Seele (*anima*). Es blieb Aristoteles aber nicht verborgen, dass Zwischenwesen wie sessile Tiere in eine diskrete Seelenstufenordnung nicht einzugliedern waren. Die Notwendigkeit solcher Zwischenformen wurde damit erklärt, dass die Natur keine Sprünge macht, sondern Übergangsstufen hervorbringt. Mit der Entdeckung weiterer Tier- und Pflanzenarten insbesondere in der frühen Neuzeit füllte sich die hierarchische Naturordnung des Aristoteles immer feingliedriger auf und mündete im 18. Jahrhundert in die lineare Anordnung aller Lebewesen auf einer Leiter der Natur, der sogenannten *scala naturae* (vgl. Lovejoy 1985), deren einflussreichster Vertreter der schweizerische Naturphilosoph Charles Bonnet (1720–1793) wurde. Vermochten aber die seit Aristoteles leitenden korrespondierenden naturphilosophischen Charakteristika der Tiere – freie Ortsbewegung und Empfindungsfähigkeit – die Hierarchie der Naturreiche auch in der Folgezeit noch erfolgreich zu fundieren?

Aristoteles und Carl von Linné (1707–1778) hatten Tiere und Pflanzen zwar beschrieben, ihnen Namen gegeben und den morphologisch ähnlichen Organismen anhand eines typologischen Artbegriffs einen Platz im »System der Natur« angewiesen. Aber nicht alle Organismen fügten sich der klassischen hierarchischen Grundunterscheidung von Tier und Pflanze anhand der sekundären Merkmale. So entpuppten sich gewisse sessile »Tierpflanzen« (Zoophyten) wie Schwämme oder Korallen schließlich doch als echte Tiere. Andererseits wurden Pflanzen entdeckt, die ein tierähnliches Bewegungsverhalten zeigten. Sie vermochten spontan einzelne Blättchen zu bewegen wie die Telegrafenpflanze oder nach Berührung zusammenzuklappen wie die Mimosa pudica. Entdeckungen dieser Art höhlten die Idee von der Korrespondenz zwischen Sessilität und Empfindungslosigkeit beziehungsweise zwischen Mobilität und Empfindungsfähigkeit aus. Insektivore Pflanzen wie die Venusfliegenfalle oder der Sonnentau, die sich kleiner Tiere als Nahrung bemächtigten, statt diesen als Nahrung zu dienen, stellten die traditionelle Nutzenhierarchie infrage. Sobald die Fotosynthese aufgeklärt war und Pflanzen als autotrophe von Tieren als heterotrophen Organismen unterschieden werden konnten, durchkreuzten die insektivoren (insektenfressenden) Pflanzen auch noch diese primär energetische Perspektive auf Tier und Pflanze. Ferner kannte man Pilze, die zwar unbeweglich, aber dennoch nicht autotroph waren wie normale Pflanzen. Des Weiteren fand man Einzeller, die einmal beweglich, dann sessil waren, oder solche, die einmal phototroph, dann heterotroph waren usw. Diese Beispiele illustrieren, dass bereits vor Darwins Evolutionstheorie eine statische Hierarchie der Naturreiche auf der Grundlage der korrespondierenden sekundären Tiermerkmale Empfindung und Bewegung, die es erlaubte, Tier und Pflanze klar voneinander abzugrenzen, nicht länger aufrechtzuerhalten war. In der dynamischen Ordnung nach Charles Darwin (1809–1882) fand zwar schließlich wieder alles, was man »Tier«, »Pflanze« oder »Mensch« nannte, einen Platz, allerdings war mit dieser Ordnung keine Hierarchie und Teleologie mehr zu rechtfertigen, da die Geschichte der Organismen aus darwinistischer Perspektive betrachtet kontingent, zufällig, ohne Ziel und Richtung ist. Trotzdem spiegelte sich noch lange nach Darwin die Hierarchie der *scala naturae* in Illustrationen des Stammbaums aller Organismen wider, in denen der Mensch sich auf der Baumkrone fand. Allerdings wurde das räumlich-statische lineare Ordnungsmuster der Leiter in das zeitlich-dynamische, fortschreitende des wachsenden Baums, des »Stammbaums«, übertragen. Anhänger von Darwin wie George J. Romanes (1848–1894) benutzten das Schema auch, um die graduelle Evolution des Psychischen vom Einzeller bis zum Menschen hin zu verbildlichen, und nicht nur für die Darstellung der Entwicklung der körperlichen Formen. Jedenfalls wirkte das »anthropozentrische« Hierarchieschema noch in der philosophischen Anthropologie, Naturphilosophie, sogar noch in der analytischen und Sprachphilosophie des 20. Jahrhunderts nach. Kritische Evolutionswissenschaftler wie beispielsweise der Neodarwinist Richard Dawkins lehnen hingegen ausdrücklich eine Hierarchisierung und Stufenordnung im Organischen ab und warnen davor, im Muster einer *scala naturae* über Mensch, Tier und Pflanze zu denken.

Die Frage »Was ist das Tier?« lässt heterogene Antworten zu. Es lassen sich vier klassische Tierkonzepte ausmachen, die philosophische wie biologische Diskussionen befruchtet haben: das Tier als Sinnenwesen, als Instinktwesen, als Automat und als Subjekt, welches noch im 20. Jahrhundert intensiv reflektiert wurde (von Uexküll, Plessner, Jonas).

Das Tier als Sinnenwesen

Aristoteles legte das bis in die Gegenwart einflussreiche umfangreichste empirische und philosophische Forschungsprogramm zum Tier in der Antike vor. Er kann nach Demokrit, der wohl auch ein Buch über Tiere verfasste, mit seinen tierkundlichen Schriften, zum Beispiel *Über die Teile und Erzeugung der Tiere*, als Gründervater der Tierbiologie, der Zoologie, angesehen werden. Mit der Schrift *Über die Seele* (*De anima*) begründet er ein philosophisches Konzept, welches das Tier primär als Sinnenwesen versteht, das heißt als ein Lebewesen, das aufgrund seiner Sinnenseele mithilfe besonderer Sinnesorgane Lebenserfahrungen sammeln und sich entsprechend verhalten kann. So vermag es seine Bedürfnisse zu befriedigen, sich durch Bewegung im Raum zu orientieren, sich Nahrung zu verschaffen oder sich artspezifisch fortzupflanzen. Äußere Sinneswahrnehmung und innere Empfindung – terminologisch in der Antike noch ungeschieden – sind zentrale Kennzeichen des Tieres. Niedere Tiere verfügen zumindest über den Tast- und Geschmackssinn sowie über Lust- und Schmerzempfindungen, höhere außerdem über die Fernsinne Riechen, Hören und Sehen. Um Erfahrungen machen zu können, ist dem Sinnentier eine Vorstellungskraft eigen, manche besitzen auch Erinnerung, die ein Zeitgefühl voraussetzt. (L4: X 1199) Da sie nicht über Vernunft verfügen, können Tiere keine Allgemeinbegriffe bilden, Schlüsse ziehen oder Theorien aufstellen. Aber Tiere können Vorstellungen haben und Erinnerungen abrufen, sind daher lernfähig und etablieren gewonnene Erfahrungen als Gewohnheiten.

In der Neuzeit entwickelte John Locke (1632–1704) gegen Descartes' Theorie von den eingeborenen Ideen das epistemologische Tabula-rasa-Konzept des Tieres. Zwar war Locke an der Beschäftigung mit dem Tier wenig interessiert, sondern verfolgte erkenntnistheoretische Fragen. Seine sensualistische Erkenntnistheorie, nach der nichts im Verstand ist, was nicht durch die Sinneswahrnehmung hineingekommen ist, befördert in der Folgezeit jedoch eine Psychologisierung von Verstand und Vernunft, die Mensch und Tier als nur graduell verschiedene Sinnenwesen erscheinen lässt. Lockes Sensualismus entwickelt sich über Hume, Condillac, Hartley, Bonnet und andere weiter zur Assoziationspsychologie und von dort zu lerntheoretischen Modellen vom Tier. Da sich nach der Tabula-rasa-Theorie alle Begriffe und Vorstellungen der sinnlichen Rezeption und nicht einer inneren angeborenen Disposition verdanken, wird lange vor Darwin denkbar, die neu entdeckten und dem Menschen morphologisch und in der Sinnenausstattung ähnlichen Menschenaffen zu kultivierten Bürgern und Mitgliedern menschlicher Gesellschaft zu erziehen. Im Verbund mit dem Materialismus in der Tierseelendiskussion führt Lockes Sensualismus zur Gradualisierung der Seelenvermögen in Mensch-Tier-Vergleichen. So behauptet Marquis d'Argens in *La philosophie du bon sens* (1755; vgl. Krauss 143), dass der Abstand zwischen einem Bauern und einem Philosophen größer ist als der zwischen einem Bauern und seinem Hund. Der Hund vermöge drei logische Operationen auszuführen: konzipieren, Gedanken ordnen, Folgerungen ziehen. Im anticartesischen Kampf wird die Tierseele zum Beweis für die Denkfähigkeit der Materie, sodass schon Mitte des 18. Jahrhunderts der Materialist Julien Offray de La Mettrie die Konsequenz zog, Mensch wie Tier als Produkte der Materie, als »Maschine«, darzustellen, die sich nur aufgrund ihrer Gehirnorganisation und Erziehung unterschieden.

Sensualismus und Materialismus sind die Wegbereiter moderner Vorstellungen vom Tier als Sinnenwesen. Der Behaviorismus steht in der sensualistisch-lerntheoretischen Tradition und wendet diese Ontologie des Tieres epistemologisch und methodologisch: Nur erfahrungsgesättigte Beobachtungen des äußeren Tierverhaltens (*behaviour*) werden als wissenschaftlich objektivierbar zugelassen, auf Introspektion beruhende Analogieschlüsse von der Menschen- auf die Tierpsyche dagegen als Anthropomorphismus methodisch verworfen. Für das Sinnentier bestimmt nun das »Milieu« wesentlich sein Lernverhalten. Das Kernkonzept des Sinnentieres kann sich aber auch mit Vorstellungen vom Tier als Reflexmaschine verbinden und zum Konzept eines milieubestimmten Lernautomaten weiterentwickelt werden. Elemente des Sinnentieres werden darüber hinaus in der Konzeption des Tiersubjekts wieder auftauchen.

Das Tier als Instinktwesen

Der Begriff des Instinktes wird im 20. Jahrhundert meist mit dem Verhaltensforscher Konrad Lorenz (1903–1989) verbunden, der Instinkt als einen durch Schlüsselreize auslösbaren angeborenen Verhaltensmechanismus verstand. Die konzeptionellen Wurzeln des Instinktbegriffs liegen schon in der antiken Tierseelenlehre, vor allem in der stoischen Oikeiosislehre von der naturgemäßen Trieberfüllung. Seitdem wurde der Instinktbegriff in kontroversen Diskussionen über die Differenz von Tier und Mensch zentral und im 18. Jahrhun-

dert zum Modewort der philosophischen Anthropologie: »Man spricht sich's einander nach, daß der Mensch ohne Instinkt sei und daß dies instinktlose Wesen den Charakter seines Geschlechts ausmache«, klagt Herder in den *Ideen* (1784). Der Terminus »Instinkt« (von mlat. *instinctus* beziehungsweise lat. *instinguere* = anreizen, antreiben) wurde im 18. Jahrhundert als »Naturtrieb« ins Deutsche übersetzt und hat vielfältige Wandlungen erfahren. Er war schon im 19. Jahrhundert umstritten und wird in modernen, eher genomzentrierten, soziobiologischen Tierkonzepten (wie bei Richard Dawkins) vermieden. Epistemologisch führt die Klärung des Instinktbegriffs, das heißt der Frage, ob und inwieweit es zweckmäßiges angeborenes Verhalten bei Tieren gibt, mitten in den modernen »function talk«, das heißt unter anderem in die Diskussion über die Funktion tierischer Verhaltensweisen.
Was ist also Instinkt? Nach Kant ein »gefühltes Bedürfnis, etwas zu tun oder zu genießen, wovon man noch keinen Begriff hat (wie der Kunsttrieb bei Tieren ...)« (W14: VI 29 Anm., Rel.). Der Biologe Lorenz beklagte, dass Ende des 19. Jahrhunderts diverse Schulen, wie die Zweckpsychologen (Purposivisten), ihr Augenmerk zwar auf angeborene Verhaltensweisen von Tieren richteten, aber eine Grundlagendiskussion über den »Instinkt« vermieden und so eine außernatürliche Erklärung offenhielten. (Lorenz 1982) Gegen solche Zweckpsychologen wandte sich der Behaviorismus, indem er die Existenz von innewohnenden, vermeintlich zweckmäßigen »Instinkten« bei Tieren bestritt.
Der Instinktbegriff wurde in der modernen Verhaltenslehre wegen der metaphysisch-teleologischen Prämisse von einer Vorsehung der Natur, der *providentia naturae* des stoischen Instinktkonzepts (Oikeiosislehre), abgelehnt. Der Oikeiosislehre zufolge war das vernunftlose Tier durch eine vernünftige Allnatur mit »Instinkten« als natürlichen Neigungen zweckmäßig ausgestattet, sodass es noch vor jeder Erfahrung das für sich Angemessene zu erkennen vermochte, um so-

wohl seine Selbsterhaltung (1. *oikeiosis*) als auch seine Art durch Fortpflanzung und Brutpflege zu sichern (2. *oikeiosis*). (L4: X 1202) Auf diese Weise untermauerte eine teleologische Naturphilosophie die Instinktlehre, die in der Scholastik schöpfungstheologisch reformuliert und im 18. Jahrhundert schließlich von der Physikotheologie abgelöst wurde. So zeugten die Instinkte der Tiere von der durch Gott zweckmäßig eingerichteten Natur, wie schon der vollständige Titel des einflussreichen protoethologischen Werks von Hermann Samuel Reimarus (1694–1768) verrät: *Allgemeine Betrachtungen über die Triebe der Thiere. Hauptsächlich über ihre Kunsttriebe. Zur Erkenntniß des Zusammenhanges der Welt, des Schöpfers, und unser selbst* (1760). Charles Darwin vermittelt die Instinkttheorie schließlich in die Gegenwart, wobei sie zunehmend einer Entteleologisierung unterzogen wird. Artspezifische angeborene Verhaltensweisen werden durch natürliche Selektion erklärt, woran auch die vergleichende Verhaltensforschung des Konrad Lorenz anknüpft.
Auf dem langen Weg von der an subjektiven Zweckanalogien orientierten alten Tierpsychologie hin zur experimentellen Verhaltensforschung, auch inspiriert durch die Umweltlehre Jakob von Uexkülls, zerlegt Lorenz den Begriff der »arteigenen Triebhandlung« von Oskar Heinroth in drei Komponenten: variables Appetenzverhalten (auf Triebbefriedigung zielendes Triebverhalten), den das Verhalten auslösenden Mechanismus und die stereotype »triebbefriedigende Endhandlung«, womit Lorenz Theorien von einer Kontinuität zwischen Lern- und Instinktverhalten ablehnt. Mit Nikolaas Tinbergen (*Taxis und Instinkthandlung in der Eirollbewegung der Graugans*, 1938) begründet Lorenz paradigmatisch eine neue Fachsprache mit Ausdrücken wie »angeborener Auslösemechanismus« (AAM), »Schlüsselreiz« oder »Erbkoordination« und bereitet der vergleichenden Ethologie den Weg. So wird der alte Meinungsstreit zwischen Behavioristen und Zweckpsychologen entschieden, wenngleich bei Johan A. Bierens de Haan (*Die tierischen Instinkte und ihr Umbau*

durch Erfahrung, 1940) dem Instinktbegriff noch der Nimbus der Unerklärbarkeit und Unfehlbarkeit anhaftet.
Man muss die Komplexität dieser Debatte vor Augen haben, wenn immer wieder der Instinktbegriff in der philosophischen Debatte über Tier und Mensch auftaucht. Wie die Tierpsychologie als Disziplin, so wird auch der Instinktbegriff in der Biologie eher gemieden. Letzterer dient in der Philosophie jedoch seit Arnold Gehlen (*Der Mensch,* 1940) nach wie vor zur Charakterisierung des Menschen, wenn beim Menschen von »Instinktreduktion« oder vom »Mängelwesen« die Rede ist. Gehlen setzt seinen Instinktbegriff gegen Max Schelers Vorstellungen von einem Stufenverhältnis zwischen Intelligenz und Instinkt ein. Heute wird die lorenzsche Übertragung des Begriffs auf den Menschen philosophisch ebenso kritisiert wie biologieintern seine ethologische Analyse der Instinktbewegung (H.-M. Zippelius, *Die vermessene Theorie,* 1992). Die moderne Neuroethologie und Soziobiologie konzentriert sich mehr auf die funktionale, physiologische Kausalanalyse, zum Beispiel von Hormonwirkungen, und auf den Selektionsvorteil von geschlossenen und offenen Verhaltensprogrammen. Aus soziobiologischer Perspektive liegt etwa im Falle des Altruismus kein vermeintlich arterhaltender »Instinkt« vor, vielmehr handle es sich um »evolutionär stabile Verhaltensstrategien« (John Maynard Smith), die durch natürliche Selektion in den Genen fixiert und somit als ein »Egoismus« der Gene (Richard Dawkins) zu verstehen seien. Zugleich mit dem Instinkt wird die biologische Art als Grundeinheit der natürlichen Selektion abgelehnt. Auf diese Weise löst die Soziobiologie das scheinbar zweckmäßige angeborene Verhalten bei Tier und Mensch aus dem philosophielastigen Diskurs über Teleologie im Organischen heraus.
Die biophilosophische Diskussion über den Instinkt regte eine erneute Diskussion über Funktionalanalyse, Teleologie und Teleonomie an. So kann das artspezifische zielstrebige Tierverhalten als Produkt eines offenen genetischen Programms interpretiert werden, das im phylogenetischen Se-

lektionsprozess erworben wurde und nun ohne bewusste Zwecksetzung zielgesetzlich – teleonom – ausgedrückt wird. Der belastete Instinktbegriff kann somit nicht mehr als simpler Spaltungsbegriff im Mensch-Tier-Diskurs eingesetzt werden. Dieses Konzept ist zwar primär auf determinierte Aktionen und Reaktionen oder Funktionen ausgerichtet, lässt aber offen, ob und inwieweit diese von »inneren« Vorstellungen, Wahrnehmungen und Empfindungen begleitet sind. Das Tier der Stoiker, der Scholastik und des Reimarus war noch wesentlich von Instinkten beziehungsweise von »Kunsttrieben« geleitet, besaß aber dennoch innere Empfindungen. Ähnliches gilt für moderne soziobiologische Tierkonzepte, die dem Tier durchaus ein Empfindungsleben einräumen können, ohne insbesondere höhere Tiere dogmatisch zu determinierten Automaten erklären zu müssen. Doch wie auch immer Philosophie und Biologie zum Instinktbegriff stehen, in der Alltagssprache führt er nach wie vor sein Eigenleben und bedarf ständiger Klärung und Kritik.

Das Tier als Automat

Tiere als Automaten zu betrachten erscheint auf den ersten Blick unplausibel und empörend, aber dieses Tierkonzept wurde aus sehr unterschiedlichen Gründen entwickelt. René Descartes (1596–1650) gilt allgemein als sein Urheber, doch schon vor ihm hatte der spanische Arzt Gomez Pereira (1500 bis nach 1558) in *Antoniana Margarita* (1554) die These vertreten, Tiere besäßen keine sensitive Seele, und damit Kritik provoziert, blieb allerdings ohne Einfluss, bis in der nachcartesianischen Diskussion Pierre Bayle einen Beitrag über das Thema in sein *Historisches und critisches Wörterbuch* (W3: Bd. IV, Art. »Rorarius«) aufnahm und eine Diskussion über die empfindungsfähige Tierseele, unter anderem mit Gottfried Wilhelm Leibniz (1646–1716), entfachte, die bis heute in diversen neocartesianischen Abwandlungen anhält.

Die Automatenthese wird umso ernsthafter verteidigt, je »niedriger« die betroffenen Tiere sind.
Um diese These besser einzuordnen, muss auf die Inspirationskraft zeitgenössischer kunstfertiger Automaten, die menschliche Bewegungen oder Musik technisch vorführten, hingewiesen werden (vgl. Heckmann 1982), außerdem auf die erstaunlichen Leistungen astronomischer oder sonstiger Uhren. »Man sieht ja auch, daß ein Uhrwerk, das bloß aus Rädern und Federn besteht, richtiger als wir mit aller unserer Klugheit die Stunden zählen und die Zeit messen kann«, so Descartes merklich beeindruckt im *Discours de la Méthode* (1637), wo er einen hypothetischen Vergleich von Tieren mit Automaten anstellt. Descartes geht es dabei nicht um die realen, vom Menschen hergestellten künstlichen Automaten, die starr und fehlerhaft sein können, sondern um idealisierte »natürliche Automaten« als »Platzhalter des Lebens«, das heißt nicht um menschliche, sondern um »göttliche Maschinen« (Sutter 1988), die natürlichen Gesetzen folgen. Für Descartes waren die Gesetze der Mechanik die Gesetze der Natur. Nahwirkungskräfte, die unmittelbar zwischen Korpuskeln durch Druck und Stoß übermittelt wurden, sollten die Tiermaschinen in Bewegung halten, die Säfte antreiben beziehungsweise die Glieder marionettenhaft zu Bewegungen veranlassen. Wenn diese Kräfte schon in Pflanzen für den Saftlauf in Röhren und Kanälen sorgten, warum nicht auch in Tieren, zumal nach der Entdeckung des Kreislaufs durch William Harvey (1628) sogar das Herz zu einer Art Pumpe geworden war?
Am Ende des 19. Jahrhunderts wurden im Paradigma der erfolgreichen Chemie andere Naturgesetze und Kräfte mit der Automatentheorie der Tiere verbunden: Für die biologischen »Mechanisten« waren es physikochemische Interaktionen, die den Organismus in ein Laboratorium und einen Automaten verwandelten. So versuchte Jacques Loeb mithilfe seiner physiologischen Tropismenlehre Tierbewegungen reflexbiologisch und automatentheoretisch zu deuten. Auch

Embryologen wie Wilhelm Roux diskutierten eine »Maschinentheorie« des Lebens. Am Ende des 20. Jahrhunderts rekurrierte man auf elektromagnetische Wechselwirkungen im Gehirn, die die physikalische Grundlage für neuronal gesteuerte Wahrnehmungs- und Bewegungsmechanismen oder die Produktion von mentalen »Repräsentationen« bilden. Verwunderlich ist eigentlich weniger der mechanistische Ansatz in der Erklärung des Tieres als vielmehr die damit einhergehende cartesianische Bestreitung eines inneren Empfindungs-, Wahrnehmungs- oder Vorstellungslebens, wenngleich die Gründe von Descartes durchaus nachvollziehbar sind (vgl. Radner 1989).

Seit Descartes ist die Seele nicht mehr ein immaterielles Bewegungsprinzip des Lebens wie für Aristoteles, sondern nur noch ein Bewusstseinsprinzip, also ein Gefäß für immaterielle Gedanken. Eine Bewusstseinsseele ist aber beim »gedankenlosen« Tier aus physikalischen Gründen überflüssig, denn sie vermag »mechanisch« nichts in Gang zu setzen. Wie sollte auch Immaterielles materielle Korpuskeln in einer Maschine antreiben, ihnen Leben einhauchen? Dieses Problem der nachcartesianischen Leib-Seele-Lehre wurde nur noch beim Menschen diskutiert, sodass aus methodischen Evidenzgründen Descartes nur der materiellen Menschenmaschine eine immaterielle Seele qua *res cogitans* zugestand. Das cartesianische Automatentier hingegen war innerlich leblos und gleichzeitig empfindungslos, weil seine Regungen restlos als *res extensa* durch Nahwirkungskräfte zwischen verschiedenen Korpuskelarten erklärt wurden. Die Deutung eines Organismus als Automat widersprach der aristotelisch-scholastischen These, der zufolge es »kein Leben ohne Seele« gebe. Die Tierautomatenthese ist somit nicht einfach eine dogmatische Behauptung, sondern die Folge eines methodologisch reflektierten, »mechanistischen« Naturbegriffs, der aristotelisch-teleologische Prinzipien aus der Naturerklärung verbannte und mathematisch alles nach Maß, Zahl und Gewicht zu erklären versuchte.

Der klassische Cartesianismus tangierte auch rechtliche, ethische, anthropologische und theologische Grundfragen. Der Franziskaner Antoine Le Grand (1629–1699), der sehr zur Verbreitung des Cartesianismus in England beitrug, wandte sich in seiner *Dissertatio de carentia sensus et cognitionis in brutis* (1675; W1) gegen Aristoteliker und Platoniker in der Tierseelenfrage und der Naturphilosophie. Mit Descartes' striktem Dualismus verteidigte Le Grand die Ordnung der Welt und die Differenz zwischen Mensch und Tier und wehrte zugleich einen den Menschen bedrohenden Materialismus ab. Schon Descartes hatte die potenzielle Gefahr einer vermeintlichen Wesensgleichheit von Mensch und Tier durch seinen Dualismus von *res extensa* und *res cogitans* gebannt. Wären Menschen Automaten wie die Tiere, dann hätten wir »nach diesem Leben nichts zu fürchten noch zu hoffen, nicht mehr als die Fliegen und Ameisen« (W6: Kap. V).

Aber die Tierautomatentheorie kann auch anthropologisch und theologisch vorteilhaft gewendet werden, wie Jean Darmanson, ein protestantischer Theologe in der zweiten Hälfte des 17. Jahrhunderts, demonstriert. Der Aufklärer Bayle fasst Darmansons cartesianische Theodizee in dem erwähnten Rorarius-Artikel seines Wörterbuches zusammen: »Wie gehen wir nicht mit den Thieren um? Wir lassen sie, zu unserm Vergnügen, einander zerreißen; wir erwürgen sie zu unserer Nahrung; wir durchwühlen ihre Eingeweide bey ihrem Leben, bloß um unserer Neubegierde ein Genügen zu thun: und alles dies thun wir, vermöge der Herrschaft, welche uns Gott über die Thiere gegeben hat. [...] Ist es nicht eine Grausamkeit und Ungerechtigkeit, wenn man die unschuldige Seele so vieler Widerwärtigkeit unterwirft? Man befreyet sich aber, durch des Cartesius Lehre, von all diesen Schwierigkeiten.« (W3: IV 79)

Die Tierautomatentheorie beeinflusste viele aufgeklärte Geister. Berühmt ist die von Bernard de Fontenelle in seinen *Erinnerungen* überlieferte Anekdote, in der Nicolas de Malebranche den Tritt nach seiner trächtigen Hündin mit der Gefühllosigkeit von Tierautomaten rechtfertigt. Nicolas Fontaine schildert auch die selbst beobachteten Vivisektionen an Hunden in der berühmten Medizinerschule von Port-Royal um 1700. Dort wurden die Hunde an ihren vier Pfoten angenagelt, um in vivo ihren Blutkreislauf, ein großes Thema der Zeit, besser erforschen zu können. Skeptische Anfragen wurden in cartesianischer Manier abgewehrt: »Sie sagten, daß die Thiere Uhrwerke seien, daß die Schreie, die sie ausstießen, wenn sie geschlagen wurden, nur der Lärm einer kleinen Feder sei, die berührt worden wäre, und daß der ganze Körper ohne Gefühl sei.« (Zit. n. Sutter 1988, 250) Zwar wurden Vivisektionen auch physikotheologisch gerechtfertigt (vgl. Guerrini 1989), aber die Beobachtung Fontaines belegt, dass der Cartesianismus ebenfalls nicht ohne Folgen für das Forschungsethos war.

Christian Thomasius (1655–1728), bedeutender Vertreter der deutschen Frühaufklärung und Rechtsphilosophie, bereitet in seinen Überlegungen zu Pflichten »in Ansehung der Tiere« nicht nur Kants »Säkularisierung des Gewissens« den Weg, er will auch die Tierseelenfrage rational und nicht theologisch wie bei Bayle behandelt sehen. Gefangen im cartesianischen Paradigma, verbindet Thomasius die Sinnlichkeit mit der Vernunftfrage beim Tier so eng, dass ihm innere Erfahrung ohne eine Ich-bewusste Vernunft nicht denkbar erscheint. Diese theoretische Prämisse ist für den Rechtsstatus des Tieres folgenreich. Tiere können wegen der fehlenden Vernunft nicht verpflichtet werden, weshalb auch keine direkten Pflichten des Menschen gegen Tiere existieren – ein antikes stoisches Argument, das nun cartesianisch untermauert wird.

Ein weiteres philosophisches Problem der »Tierautomaten« betrifft den Nachweis von inneren Wahrnehmungen, Empfindungen und Gefühlen, die nach heutigem Ermessen nur individuellen »Subjekten« unmittelbar zugänglich sind. Man kann diese inneren qualitativen Zustände – zum Beispiel

Qualia wie Rotwahrnehmung – mit registrierbaren, mehr oder weniger spezifischen neuronalen Aktivitätsmustern bei Mensch und Tier korrelieren und daher von einer Korrespondenz zwischen subjektivem Innenzustand und objektivierbaren Außenweltereignissen sprechen. Damit ist aber noch nicht zwingend eine Identität oder Kausalität zwischen ihnen erwiesen. Die unmittelbar gegebenen phänomenalen Korrelate dieser »objektiven« Daten auf der Innen-Seite des Subjekts können nicht gemessen, sondern nur durch Analogien erschlossen werden, wenn im Falle von Tieren solche objektivierbaren Korrelate nachweisbar sind. Was »Bewusstsein« ist, wissen wir erst, wenn wir es haben. Bewusstsein in Automaten – ob nun künstliche oder natürliche – bleibt daher ein philosophisches Kernproblem mit vielen Facetten (Herrmann et. al. 2005), aus dem unter anderem epistemologische Fragen resultieren. Ob ein Tier ein Automat ist oder nicht, lässt sich in einer cartesianischen Welt nicht entscheiden. In der je individuellen Selbsterfahrung mag man mit Descartes daran festhalten, dass eine besondere immaterielle Substanz, ein »Gespenst in der Maschine« (Ryle 1949), eine immaterielle *res cogitans* mit eingeborenen Ideen vorliegt, der die aktiv agierende Vernunft, das »Ich denke«, als ein Universalinstrument im lebendigen Menschen entspringt. In Tierautomaten aber gibt es für klassische Cartesianer keinen solchen analogen Geist, weshalb Tiere auch nichts wirklich begreifen können, nicht einmal, dass sie selbst es sind, die Lust und Schmerz haben. Da sie keinen Begriff von einem Ich haben, wissen sie auch nicht, dass sie es sind, die Schmerzen haben.

Es ist erstaunlich, dass scharfsinnige Philosophen Tieren immer noch in quasi cartesianischer Manier das Menschen problemlos Zugestandene bestreiten, wie »Gedanken« und »Sprache« (so Donald Davidson), ein »phänomenales Bewusstsein« (so Peter Carruthers) oder die Fähigkeit, ein »Interesse« zu haben (so Raymond Frey). (Q5: 76–91) Auch wenn dies extreme Ausnahmepositionen sein mögen, sind

sie von ethischer Relevanz. So bestritt Carruthers in einem neocartesianischen Ansatz in *The animals issue* (1992) den Tieren nicht nur eine »Theorie des Geistes«, sondern auch phänomenales Bewusstsein und damit jegliche Subjektivität. Wie andere cartesianisch argumentierende Epistemologen wendet sich Carruthers gegen Thomas Nagels »mysteriöse« Überlegungen zu Qualia als einer unkritischen Bewusstseinstheorie zugunsten eines allein naturalistisch kognitiven Zugangs, weshalb Tieren auch kein Bewusstsein zugestanden werden kann. Wer meint zu wissen, was es für eine Katze oder eine Maus bedeutet, Käse zu riechen, projiziert nach Carruthers nur seine Erste-Person-Perspektive in deren Innenleben und übersieht, dass es stets *unsere* Erfahrungen bleiben, über die *wir* in *unserem* phänomenalen Bewusstsein und damit in *unserer* Subjektivität verfügen. Einige Jahre später (1998) unterstreicht er, es sei anthropomorph, Vorstellungen in eine Katze oder Maus hineinzuverlegen, und außerdem eine untaugliche Methode, um ihr Verhalten zu erklären, doch neuerdings (2004) gesteht Carruthers Tieren zwar immer noch kein phänomenales Bewusstsein zu, wohl aber die Möglichkeit von Schmerz und Leiden, wenngleich als ein Leiden ohne Subjektivität.
Die Beispiele zeigen, dass Descartes' Tierautomatentheorie immer noch philosophisch fruchtbar ist.

Das Tier als Subjekt

Tierphilosophische Subjekttheorien, die nach der die Subjektivität tragenden Substanz fragen, verwickeln sich auf die eine oder andere Weise in Aporien einer materialistischen Tierautomatentheorie oder einer Seelenmetaphysik. Die nachfolgend vorgestellten klassischen Positionen der Biologie und Philosophie zum Tiersubjekt fragen erst gar nicht nach seiner substanzialen Beschaffenheit, sondern gehen meist einfach vom höheren Tier als Sinnenwesen aus, das

Erfahrungen sammelt und innerlich zu einem unmittelbaren Erleben von Freude, Lust, Angst oder Leid fähig ist, wenngleich dies äußerlich von menschlichen Beobachtern nicht oder nur mittelbar, beispielsweise über Mimik, Gesten oder Laute, wahrgenommen werden kann.

In der klassischen Philosophie wurde Subjektivität stets mit besonderen Momenten verbunden. So gibt Leibniz' Monadenkonzept vor, etwas Inneres in einer geschlossenen Einheitsgestalt zu erleben oder vorzustellen. Kant und die Neukantianer verbinden Subjektivität mit besonderen apriorischen, transzendentalen Rahmenbedingungen der Erfahrung, mit Raum und Zeit als subjektiven Anschauungsformen und Kategorien des Verstandes, wodurch das Subjekt und dessen Ich in den Mittelpunkt des Erkennens gerückt wurden. An Momente dieser Subjektvorstellung knüpft ein klassisches Modell der Tiersubjektivität an, das vor biologischem Hintergrund, nämlich der vergleichenden Sinnesphysiologie, entsteht: das Umwelt-Modell der Tiersubjektivität des Jakob von Uexküll (1864–1944). Die »Umwelt« des Tiersubjekts, präziser benannt als artspezifische Eigenwelt eines Tieres, wird darin empirisch durch sinnesphysiologische Experimente und biologietheoretisch im »Funktionskreis« fundiert. Uexkülls Konzept ist sowohl biologisch als auch philosophisch fruchtbar geworden. Es hat seine Spuren in der empirischen und philosophierenden Verhaltensforschung hinterlassen, so etwa in Lorenz' klassischen Arbeiten zu *Kants Lehre vom Apriorischen im Lichte der gegenwärtigen Biologie* (1941) oder in der *Rückseite des Spiegels* (1973) und schließlich in der evolutionären Erkenntnistheorie, in der die menschliche Erkenntniswelt als »Mesokosmos« beziehungsweise als »die kognitive Nische des Menschen« (Vollmer in Lorenz/Wuketits 1983, 51) charakterisiert wird. Auch lässt sich eine Brücke zu einem anderen modernen Organismuskonzept schlagen, zu Humberto Maturanas Vorstellung von Lebewesen als »autopoietischen Maschinen«. Denn von Uexkülls Funktionskreis kann als Rückkoppelungsregelkreis und das Tier neuronal als eine operational geschlossene Funktionseinheit interpretiert werden, wodurch die Subjektivität des Tieres auf dem Boden einer konstruktivistisch begründeten Theorie der Selbstorganisation radikal physikalisiert wird.

Die biologische Umweltlehre des Jakob von Uexküll hat auch markante philosophische Spuren hinterlassen. Sie wird in der philosophischen Anthropologie modifiziert und kritisch integriert, wie in Max Schelers Konzept der »Weltoffenheit« des Menschen durch dessen klare Abgrenzung vom geschlossenen Funktionskreis des Tieres, in Helmuth Plessners Versuch, das Tier mit der Idee einer »zentrischen Positionalität« in eine biophilosophische Phänomenologie einzubinden, um schließlich bei Arnold Gehlen wieder einer Rebiologisierung anheimzufallen. Noch in der Transformation des Tiersubjekts bei Hans Jonas wirkt der Gedanke der Umweltlehre nach, wenngleich er dem Tier in *Organismus und Freiheit* (1973) ein neues naturphilosophisches Profil gibt. Peripher ist von Uexkülls Umwelt- und Bedeutungslehre noch in der modernen »Zoosemiotik« fruchtbar. (Deely 1990) Von Uexkülls innovativer Ansatz sowie die in der traditionellen Tierphilosophie verwurzelten Neubestimmungen der Tiersubjektivität von Plessner und Jonas werden ausführlicher vorgestellt, um anschließend in die epistemologische Gegenwartsdebatte einzutreten. Charakteristisch für Uexküll, Plessner und Jonas ist, dass sie Philosophie, vor allem Phänomenologie und Naturphilosophie, und Biologie miteinander verbinden.

Jakob von Uexküll: Umwelt und Funktionskreis

»Bildlich gesprochen greift jedes Tiersubjekt mit zwei Gliedern einer Zange sein Objekt an – einem Merk- und einem Wirkgliede.« So illustriert von Uexküll in dem populären Bändchen *Streifzüge durch die Umwelten von Tieren und Menschen* (zus. mit G. Kriszat 1934, 6) die Erläuterung des

»Funktionskreises«. Von Uexküll hatte sich im »Kampf um die Tierseele« um 1900 sowohl von der anthropomorph spekulierenden Tierpsychologie als auch von Automatentheorie und Behaviorismus deutlich abgegrenzt. So pocht er früh darauf, in einer objektivierenden Nomenklatur der Nervenphysiologie statt von »Sinnesorganen« von »Rezeptionsorganen« zu sprechen. Als Tierphysiologe vermeidet von Uexküll psychologische Assoziationen wie in der Rede von Perzeptionen bei Tieren. Wegen der fehlenden Identität von Tier und Mensch versagen tierpsychologische Rückschlüsse auf deren Innenleben, beispielsweise auf eine »Angst« umherirrender Ameisen. Trotzdem ist die biologische Erklärung über die mechanistische Sinnesphysiologie hinaus auf den Begriff der Funktion angewiesen. Biologie muss nach der Funktion von Organen fragen, wenn sie das Leben des Gesamtorganismus begreifen will, insbesondere die Kardinalaufgaben Ernährung und Fortpflanzung.

In *Umwelt und Innenwelt der Tiere* (1909) und *Theoretische Biologie* (1920) sind von Uexkülls Auffassungen von Tiersubjekt und Funktionskreis ausgereift. Den Ausgangspunkt bildet die Sinnesorganisation des Tieres, wodurch jedes Tier – von der Zecke bis zum Menschen – in seine Umwelt eingepasst ist. »Jedes Tier ist ein Subjekt, das dank seiner ihm eigentümlichen Bauart aus den allgemeinen Wirkungen der Außenwelt bestimmte Reize auswählt, auf die es in bestimmter Weise antwortet.« (Uexküll 1973, 150) Tierverhalten kann nur aus der dem Tier eigenen subjektiven Umwelt, seiner artspezifischen Eigenwelt, vermittelt durch ihm eigene Sinnesorgane, verstanden werden. So ist die Zecke mit einem »Merkorgan« und einem »Wirkorgan« ausgestattet. Durch ihr »Merkorgan« wird die Zecke dank Licht- und Geruchssinn über »Receptoren« affiziert, vermag ein »Merkmal« ihres »Objektes«, etwa die Buttersäure eines Säugetieres, zu identifizieren und eine »Merkwelt« aufzubauen. Die Zecke verfügt aber auch über »Wirkorgane« beziehungsweise »Effektoren«, womit sie ihr »Objekt« entert, mit dem Bohrrüssel traktiert, ein »Wirkmal«, eine Wunde, erzeugt, um dann von dessen Blut zu leben. Mittels Merk- und Wirkglied wird also das für ihr Leben bedeutsame Objekt, in diesem Fall ein Säugetier, in die Zange genommen. Der Funktionskreis zwischen »Receptor« und »Effektor« wird so durch das Objekt geschlossen, Merkwelt und Wirkwelt werden über die »Innenwelt des Subjektes« (Uexküll, Kriszat 1934, 7) vermittelt. In diesem Sinne schließt sich der Lebenskreis der Tiere, der sich auf Beutefang, Fortpflanzung, Fluchtverhalten etc. erstreckt.

Nach von Uexküll handelt es sich um einen übermaschinellen Regulationsvorgang, bei dem jedes Tiersubjekt aufgrund seiner spezifischen Organisation, seines Bauplanes und seiner Bedürfnisse die ihm nützlichen Reizkombinationen selektiert, weshalb Tierverhalten nur vom Standpunkt des Tiersubjekts her verstanden werden kann. »Ein jedes Tier bildet den Mittelpunkt seiner Umwelt, der es als selbständiges Subjekt gegenübertritt.« (Uexküll 1921, 218) Als Tiersubjekt ist es eine Art Monade mit subjektivem Raum, subjektiver Zeit und Lebensrhythmik, in die Sinnesdaten, die für es »Bedeutung« haben, eingetragen werden. Das Tier wird also nicht bloß passiv-maschinenhaft von einem »Milieu« gesteuert, sondern aktiv von seiner eigenen subjektiven Umwelt. Damit tritt auch die »Innenwelt des Subjektes« mit den ihm erfahrbaren Formen, Farben, Düften, Lauten, aber auch mit Lust, Schmerz und Leid in Erscheinung. Zecken, Fliegen und Hunde haben dabei ihre je eigenen Welten, sehen Zecken-, Fliegen- und Hundedinge, denn nur diese haben eine biologische Funktion im Leben des Tiersubjekts. Da es so betrachtet nicht nur einen Raum und eine Zeit gibt und jedes Ding für jedes Tiersubjekt seine eigene Bedeutung hat, landet von Uexküll am Ende in einem epistemischen Pluralismus beziehungsweise bei einem »Kant für Tiere«, der letztlich auch den Menschen einschließt. So begründete von Uexküll die Rede vom Tiersubjekt neu und machte sie wieder zu einem ernsthaften Forschungsgegenstand. Die unreflektierte Übertragung seines Tiermodells auf den Menschen wurde früh von Biologen (etwa von Adolf Portmann) und Philosophen (etwa von Helmuth Plessner, der zugleich auch Biologe war) kritisiert. Hier aber soll es um seine Fruchtbarkeit für die Tierphilosophie gehen, wie sie bereits in Plessners Schrift *Die Stufen des Organischen und der Mensch* (1928) nachweisbar ist.

Helmuth Plessners »zentrische Positionalität«

Systematischer Ausgangspunkt von Plessners (1892–1985) Biophilosophie ist das Grundphänomen der Doppelaspektivität im Organischen, womit Plessner meint, dass alles Lebendige sowohl einen Außen- als auch einen Innenaspekt besitzt. Im Begriff der »Positionalität« verkoppelt er Innen- und Außenperspektive des Organismus, um den cartesianischen Dualismus zu überwinden. Die besondere Daseinsform des Lebendigen ist durch Positionalität gekennzeichnet, worunter eine Insichhinein- und Übersichhinaus-Gesetztheit eines Organismus zu verstehen ist.

Ein weiterer Schlüsselbegriff in Plessners Philosophie ist die Grenze. Organismen sind grenzrealisierende Wesen. Zellmembran oder Haut markieren externe Raumgrenzen, aber es gibt auch eine interne Aspektgrenze aus der Innenperspektive des Organismus. In der »Grenze« äußert sich der positionale Charakter in der Entwicklung einer dynamischen Form und in der Vermittlung seiner Teile zu einem Ganzen. Selbstaufbau und Selbsterhaltung schließen den Austausch des Organismus mit der Umgebung über seine Grenze ein. Positionalität ist möglich in einem »Positionsfeld«, vermittelt durch Wirkeinheiten von Organen. Durch seine gegenüber dem Positionsfeld offenen Organe steht der lebendige Körper in einer funktionalen Beziehung zum Positionsfeld. Es entsteht eine besondere Beziehung – ein Lebenskreis oder ein Funktionskreis, in dem sich ein Organismus in seinem Raum behauptet. Spätestens hier wird der Einfluss der Umweltlehre von Uexkülls erkennbar, wenngleich in modifizierter Form. Einerseits steht der Organismus in seinem Positionsfeld, andererseits steht er diesem entgegen – je nach Perspektive. In der Grenze eines lebenden Körpers offenbart sich nach Plessner ein dialektischer Grundkonflikt. Denn sie steht zunächst für seine Abgeschlossenheit als physischer Körper, zugleich aber für seine Aufgeschlossenheit als Organismus. Die Auflösung dieses Konflikts erfolgt in der besonderen Daseinsform des Organischen. Gehen wir von der abstrakten Strukturanalyse zu Plessners konkreter Analyse von Organismen.

Positionale Wesen – Pflanze und Tier – unterscheiden sich nach Plessner insbesondere hinsichtlich der Form ihrer Organisation. Er spricht mit dem Biologen und Philosophen Hans Driesch von offener und geschlossener Form des Organischen, in deren Aufspaltung sich eine Art »Wesensgesetz des Lebens überhaupt« manifestiert. Die Pflanze ist wesentlich durch ihre offene, das Tier durch seine geschlossene Organisationsform charakterisiert. Jeder Grundtyp löst auf seine Weise den dialektischen Grundkonflikt, sich über seine Form ab- und doch zugleich gegenüber dem Positionsfeld aufzuschließen. Ideell in phänomenologischer Betrachtung sind Pflanze und Tier vom organisatorischen Grundtyp her wesensmäßig streng geschieden; empirisch aber kann es graduelle Zwischenformen geben, beispielsweise sesshafte Tiere wie Seeanemonen. Doch nicht Bewegungsphänomene markieren die Wesensdifferenz zwischen Pflanze und Tier, zumal es auch bewegliche Pflanzen, etwa Mimosen, gibt, sondern der Unterschied ihrer Organisationsform. Als offene Organisationsform besitzt die Pflanze kein psychisches Zentrum, in das hinein äußere Reize als innere Empfindungen vermittelt werden können. »Empfindung und Handlung (d. h. durch Assoziationen modifizierbare, zentral vermittelte Bewegungen) widersprechen dem Wesen der offenen Form.« (Plessner 1975, 225)

Was ist nun das Tier? »Geschlossen ist diejenige Form, welche den Organismus in allen seinen Lebensäußerungen mittelbar seiner Umgebung eingliedert und ihn zum selbständigen Abschnitt des ihm entsprechenden Lebenskreises macht.« (Plessner 1975, 226) »Das sensomotorische Schema, der ›Funktionskreis‹, wie von Uexküll sagt, ist die Bedingung der Möglichkeit für das Realsein der geschlossenen Form, der Organisationsidee des Tieres.« (Plessner 1975, 230) Damit ist die transzendentalphänomenologische Interpretationsrichtung angegeben. Unter dem Begriff des Funktionskreises soll die Einheit aller Wesensmerkmale des Tieres verständlich werden, das heißt morphologischer Merkmale wie der Ausbildung innerer Flächen zu Organen und Organsystemen, physiologischer Merkmale wie im heterotrophen Metabolismus der Ernährung und schließlich psychischer Merkmale wie Reizaufnahme und -verarbeitung – also der Empfindungen –, endlich das Auftreten von Trieben und Willensimpulsen in Verbindung mit spontaner, impulsiver Mobilität. Durch die integrative Kraft der Empfindung wird der Tierkörper zum »Leib«; das bedeutet, zur physischen Mitte des Tieres tritt eine psychische Mitte hinzu, in der ein physiologischer Körper als »Leib« erfahren wird.

Der uexküllsche Funktionskreis, der die Beziehung zwischen Organismus und Umwelt schematisch wiedergibt, wird bei Plessner zum Leitfaden für die Analyse der tierischen Daseinsform: »In der Distanz zum eigenen Leib hat der lebendige Körper sein Medium als Umfeld. Die Abgehobenheit vom eigenen Leib ermöglicht den Kontakt mit einem vom Leibe abgehobenen Sein. Der Körper ›merkt‹ das Sein und ›wirkt auf‹ das Sein. Über eine Kluft hinweg steht er mit dem Anderen in sensorischer und motorischer Verbindung.« (Plessner 1975, 232) Hier zeigt sich, wie entscheidend das Auftreten eines zentralen Repräsentationsorgans im Tier ist, das den Doppelaspekt von Körper und Leib erst ermöglicht. Deshalb kann man sagen: »[...] das Tier ist Körper und hat seinen Körper, soweit er ihm in zentraler Repräsentation gegeben ist, als seinen Leib. [...] Als solches Selbst ist das Tier nicht nur – wie alles Lebendige – Subjekt des Seins, sondern auch seines Habens«, so ein Plessner-Interpret. (Asemissen 1973, 159)

Das Tier hat also ein Bewusstsein, wodurch es seinen »Leib« hat. Doch es besitzt kein Selbstbewusstsein, denn sein Selbst ist ihm selbst nicht in Distanz gegeben. Das Tier verharrt gleichsam in der Mitte seines Bewusstseins und kann nicht aus dieser Mitte heraustreten, um Bezug auf sie nehmen zu können. In plessnerschen Worten gesagt, verbleibt das Tier mit seiner geschlossenen Organisationsform in einer zentrischen Positionalität. Leibsein und Körperhaben können als verbundene Elemente tierischer Daseinsweise nicht noch einmal doppelaspektiv vergegenständlicht werden, wie es die dem Menschen eigentümliche »exzentrische« Positionalität ermöglicht.

Hier sind einige undogmatische Differenzierungen zu ergänzen. Plessner unterscheidet zwei Grundformen der Zuordnung von Reiz und Reaktion in einem tierischen Organismus: die dezentrale Organisation, die in sich ein Subjekt ausschaltet, und die zentralistische Organisation, die ein Subjekt einschaltet, also eine Realbedingung konkreter Subjektivität ist. Die geschlossene Organisation eines lebendigen Körpers bietet positional die Möglichkeit bewussten Seins, wenn in einem Zentralorgan wie in einem Zentralnervensystem die Repräsentation des Leibes und der Umwelt erfolgt. In steter Annäherung an diese mentale Topposition des Menschen stellt sich die Frage: Wie steht es nun beim Tier mit der Intelligenz und der Differenz zum Menschen? Um welche unterschiedlichen Formen von Tiersubjektivität handelt es sich konkret? Wie ist die »exzentrische Positionalität« des Menschen von anderen Formen einer Tiersubjektivität abzugrenzen? Für diese Fragen ist Plessners Analyse des Verhaltens von Menschenaffen philosophisch aufschlussreich.

Menschenaffen boten seit ihrer Entdeckung im 17. Jahrhundert eine paradigmatische Möglichkeit, die Mensch-Tier-Differenz auf »höchster« Stufe herauszuarbeiten beziehungsweise aufzuheben. Diese Gelegenheit wurde in der philo-

sophischen Anthropologie ergriffen, die sich insbesondere durch die berühmten Versuche Wolfgang Köhlers zum »Werkzeuggebrauch« bei Menschenaffen herausgefordert sah. Ein Lehrstück bietet Plessners Versuch, Köhlers Ergebnisse in sein Konzept von Tier und Mensch zu integrieren. (Plessner 1975, 266-277)
Plessner schätzt die klassischen Studien Köhlers zu den *Intelligenzprüfungen an Anthropoiden* (1917) auf der Versuchsstation in Teneriffa, interpretiert sie aber dahingehend, dass die Wesensgrenze zwischen Mensch und Tier höher angesetzt werden müsse, als viele kritische Tierpsychologen und Philosophen glaubten. Das Problemlöseverhalten der Schimpansen, ihr Werkzeuggebrauch, zum Beispiel um mit Stäben und Kisten an Bananen zu gelangen, wird von Plessner als Merkmal intelligenten Verhaltens akzeptiert. Allerdings konzentriert er sich nicht auf diese Leistungen, sondern auf diejenigen Versuche, die die vermeintliche Schwäche der Schimpanseninteiligenz zeigen. Dazu führt er Experimente und Beobachtungen an, nach denen Schimpansen unter bestimmten optischen Bedingungen nicht in der Lage waren, die Aufgabe - etwa das Erreichen einer Frucht - zu lösen. So kam es zwar zum Ineinanderstecken zweier Schilfrohre, wenn diese annähernd hintereinander in der Sehlinie des Tieres lagen, nicht aber dann, wenn die beiden Stöcke parallel lagen. Handelte es sich dabei bloß um eine »Gestaltschwäche«, wie Köhler meinte, oder um ein gewichtigeres »Symptom eines qualitativen ›Mangels‹ des Schimpansenbewußtseins im Verhältnis zum menschlichen Bewußtsein« (Plessner 1975, 269)? Plessner entdeckte weitere Beispiele einer mangelhaften Gestalterfassung bei Schimpansen, beispielsweise wenn Hindernisse wie eine Kiste mit Steinen im Wege standen und einfach nicht weggeräumt wurden. Derartiges Versagen zeigte für Plessner eine Wesensdifferenz zwischen Mensch und Menschenaffe an, die er so auf den Punkt bringt: »*Dem intelligentesten Lebewesen in der Tierreihe, dem menschenähnlichsten, fehlt der Sinn für's*

Negative. [...] Echte Dinge, wie sie der Mensch wahrnimmt, zeichnen sich im Anschauungsbild durch ein Plus an Unsichtbarkeit gegenüber dem reell anschaulichen Tatbestand aus, ein Plus an Negativität also. [...] Eben diese Gegenständlichkeit ist ein dem tierischen Bewußtsein, selbst dem höchsten Tiere, verschlossener Charakterzug. Für die Tiere mit zentralistischer Organisation bleibt das Ding im Umfeld Korrelat des sensomotorischen Funktionskreises, Ausgangspunkt der Reize und Angriffspunkt der Aktionen.« (Plessner 1975, 270)

Was bedeutet es, dass das Tier keinen Sinn fürs Negative besitzt? Nach Plessners Interpretation bleibt tierisches Bewusstsein in seiner subjektiven Umwelt, im Zangengriff seines Funktionskreises, gefangen und vermag eigentliches Gegenstandsbewusstsein in begrifflicher Objektivierung nicht zu erreichen. Selbst der Menschenaffe wisse nicht um das Nichtpräsente, etwa die Rückseite der Dinge, besitze daher kein echtes Gegenstandsbewusstsein, das den Gegenstand von seiner unmittelbaren Konstellation in der Anschauung ablöst, um ihn in der Form eines echten Gegenstandssachverhalts zu erfassen: »Abwesenheit, Mangel, Leere – sind ihm verschlossene Anschauungsmöglichkeiten.« (Plessner 1975, 271) Im Tier sei weder ein Objekt begrifflich vom Umfeld abgehoben noch ein Ich in seiner tierischen Eigenart als Subjektivität erfasst. Das Tier sei sich als Subjekt verborgen, kenne deshalb auch keine echte Gegenständlichkeit. Es hat seinen Leib und geht in ihm in seiner positionalen Zentralität völlig auf, ist nur »reines Mich, nicht Ich«, was weitere Folgen hat: »Infolgedessen *muß* dem Tier jede Anschauung homogener Leere in Raum und Zeit versagt sein, woraus die von Köhler beobachtete Gestaltschwäche selbst eines hochentwickelten Tierbewußtseins als Wesensprädikat der Positionalität geschlossener Form verständlich wird.« (Plessner 1975, 271 f.)

So wird der tierischen Intelligenz eine wesentliche Schranke gesetzt. Das Tier komme vom konkreten Gegenstand weder

zum Allgemeinbegriff einer »Sache« noch zum »Bewußtsein des Sachverhaltes«. Affen mögen je nach Feldstruktur echte Einsichten in die Auswahlmöglichkeiten haben. Doch diese tierische Einsicht unterscheide sich grundsätzlich von der Einsicht des Menschen in einen Sachverhalt. Dem Tier sei »Ideation« - in Edmund Husserls Phänomenologie die Voraussetzung einer Abstraktion mit dem Ziel der Begriffsbildung - und damit jede echte »Begriffsbildung verwehrt« (Plessner 1975, 273), womit tierisches Bewusstsein wesensmäßig zu sachlicher Einstellung unfähig ist. Die zentralistisch organisierte Positionalität - im höheren Tier - besitze zwar auf »der sensomotorischen Ebene ein Analogon des Gegensatzes von konkreter Einzelheit und abstrakter Allgemeinheit, nicht aber den Gegensatz selbst [...]. Echte Einzelheit und echte Allgemeinheit haben jedoch die Fähigkeit zur Voraussetzung, das Negative als solches zu erfassen, das Fehlen von etwas, den Mangel, die Leere. Homogene Raum- und Zeitanschauung, Hohlraum und Hohlzeit mit Leerstellen, [...] sind infolgedessen mit echter objektiver Dingwahrnehmung und echter ideativer Abstraktion wesenskoexistent. Einzelnes *und* Allgemeines, Begriffs- oder Sachallgemeines, kennt erst der Mensch.« (Plessner 1975, 275 f.)
Plessners methodische Vorgehensweise ist charakteristisch für klassische philosophische Ansätze, die ausgehend von konkreten empirischen Befunden aus Feinstrukturen der fallspezifischen Problemsituation nach und nach Allgemeinheiten zur mentalen Differenz zum Menschen herausarbeiten, um diese dann - durch »Ideation« - zu einer grundsätzlichen Wesensdifferenz zwischen Tier und Mensch zu erheben. Diese problematische Vorgehensweise Plessners ist typisch für klassische und manche moderne Antworten der Philosophie auf die Frage der Mensch-Tier-Differenz. Kritikwürdig ist neben der phänomenologischen Methodik, der Wesensanalyse, und den begrifflichen Prämissen auch seine Interpretation empirischer, insbesondere primatologischer, Befunde. Plessner bietet ein Exempel für eine phänomeno-

logische Antwort auf die Wesensfrage: Was ist das Tier? Ob derartige Wesensantworten aus wissenschaftstheoretischer Perspektive haltbar oder letztlich doch »metaphysisch« sind, das heißt weder verifizierbar noch falsifizierbar, steht auf einem anderen Blatt. Hans Jonas' Profilierung des Tieres in der Naturphilosophie ist ein weiterer klassischer Versuch, um Tiersubjektivität einsichtig zu machen.

Hans Jonas: Das Tiersubjekt in der Naturgeschichte der Freiheit

Hans Jonas (1903–1993) ist einer der letzten Philosophen in der zweiten Hälfte des 20. Jahrhunderts, die »Ansätze zu einer philosophischen Biologie« entwickeln, in denen auch naturphilosophische Reflexionen zum Tier angestellt werden. Dies geschieht in dem von ihm als sein Hauptwerk betrachteten Buch *Organismus und Freiheit* (1973). Jonas setzt in seiner Biophilosophie beim Metabolismus (Stoffwechsel) und einem dialektischen Verhältnis von Stoff und Form im Organischen an. Haben wir einen Einzeller, zum Beispiel eine Amöbe, vor Augen, so lässt sich im Vergleich zum anorganischen Mineral ein Wesensunterschied im Verhältnis zwischen Stoff und Form ausmachen. Für das organische Gebilde, das sich durch hohe Formplastizität auszeichnet, ist die Form zwar abhängig vom Stoff, bedarf also des Metabolismus, sie »emanzipiert« sich aber auch von seiner Grundlage, beispielsweise durch Ortsbewegung. Für das anorganische Gebilde ist daher nach Jonas der Stoff wesensbestimmend und seine Form akzidentell, umgekehrt ist für den Organismus die Form substanziell und der fortlaufend wechselnde metabolische Inhalt der Zelle akzidentell. Man kann sagen, die Amöbe verwirklicht in ihrer Formgestalt einen kleinen Freiheitsmoment, eine Möglichkeit, sich zu bewegen, letztlich um sich durch permanente Materiezufuhr selbst zu erhalten. In diesem Sinne versucht Jonas, am »Ariadnefaden der Freiheit« die Geschichte des Lebens und der Wesenstypen - Pflanze, Tier, Mensch - zu verstehen. Insofern sich Form von Stoff emanzipiert, »ist Lebensform dem Stoff überlegen« und wird zu einem Wagnis. (Jonas 1973, 151) In dieser »Eigenkausalität des Organismus« wurzelt seine außermechanische Autonomie. Biophilosophische theoretische Begriffe wie Form-Stoff-Dialektik, Freiheit, Autonomie bieten Jonas eine fundamentale Begrifflichkeit, die das Phänomen des Lebens aller Organismen existenziell verstehbar machen soll.

Vor diesem biophilosophischen Hintergrund soll auch das Tier als Subjekt begriffen werden. Gegen von Uexkülls »Geschlossenheit der Funktionsganzheit« stellt Jonas wie schon Scheler eine »Offenheit zur Welt« (Jonas 1973, 152). Leben heißt in Abstand zur Welt existieren. Das Tier ist deshalb ein Subjekt, weil es die externe Welt erst durch Wahrnehmung über diesen Abstand in sich hinein vermitteln muss, um sich dann mit dieser Welt durch Gefühl in Beziehung zu setzen und schließlich durch Ortsbewegung zu agieren, zum Beispiel um an Nahrung zu gelangen. So wird ein Stoffwechselproblem gelöst, das alles Werden zugleich an Vergehen knüpft.

Was das Tier ist, wird für Jonas im Vergleich mit der Pflanze klar: »Drei Merkmale unterscheiden das tierische vom pflanzlichen Leben: Bewegungsfähigkeit, Wahrnehmung, Gefühl.« (Jonas 1973, 153) Während die Verbindung zwischen Fortbewegung und Wahrnehmung von selbst einleuchtet, etwa im klassischen Fall der Zecke, bedarf es beim Gefühl des höheren Tieres einer genaueren Phänomenanalyse. Raum und Zeit spielen hier eine Schlüsselrolle, denn »Leben ist von Natur zugleich vorwärts und auswärts gewandt«. Nach Jonas wird in der tierischen Evolution, ausgehend vom anfänglichen Ertasten, der Raum durch die Möglichkeit von Fernwahrnehmung durch Sehen und parallel entfalteter Ortsbewegung »progressiv in eine Dimension der Freiheit« (Jonas 1973, 154) verwandelt. Nun erlangt die Emotion bei der Entfaltung der Dimension der »Transzendenz«, der Zeit, eine besondere Rolle. Auch in der Zeit wird die Distanz zwischen einem individuellen Selbst und seinem Objekt überwunden. Emotionalität ist Ausdruck dieses Phänomens. Daher versucht Jonas, die Wechselverbindung der drei animalischen Grundvermögen - Motilität, Sensibilität, Emotionalität - aus einem Prinzip heraus zu verstehen, dem Prinzip der »Mittelbarkeit« angesichts einer »wesenhaften ›Abständigkeit‹ tierischen Seins« (Jonas 1973, 156). Dies soll nun anhand konkreter Emotionen illustriert werden.

»Gier liegt an der Wurzel der Jagd, Furcht an der Wurzel der Flucht.« Emotion treibt das Tier zu seinem Objekt hin oder von ihm weg, was ein Bewegungsvermögen voraussetzt, um diese Bedürfnisse befriedigen zu können. Die bloße Wahrnehmung als solche würde nicht ausreichen, um die räumliche Distanz zu überwinden. Erst die »emotionale Intention« (Jonas 1973, 155) kann die Spanne überbrücken, ein Anstreben und Begehren, das mit einem zeitlichen Abstand zwischen Trieb und Trieberfüllung verbunden ist. Um ein Objekt als ein Wahrnehmungsding irgendwo im Raum wahrnehmen zu können, bedarf es in Ferndistanz nur quasi teilnahmsloser Sinnesorgane, zum Beispiel der Augen, der Ohren oder der Nase. Motilität ist notwendig, um es erreichen zu können. Verlangen und damit Gefühl ist hingegen im Spiel, wenn es darum geht, das entfernt Wahrgenommene *als* Ziel zu erleben und seine Zielqualität lebendig zu erhalten. »Derart repräsentiert das Verlangen den Zeitaspekt der gleichen Situation, deren Raumaspekt die Wahrnehmung darstellt.« Denn das »durch Verlangen angetriebene Bewegungsvermögen verwandelt *dort* in *hier* und *noch nicht* in *jetzt*« (Jonas 1973, 156).

Im Tiersubjekt wird so eine emotionale Brücke über die Zeit hinweg geschlagen, und Jonas meint, dass gerade in der »Lücke« zwischen unmittelbarem Anliegen und mittelbarer Befriedigung das Geheimnis der Animalität liege. Diesem Verlust an Unmittelbarkeit entspreche der Gewinn an Spielraum in der tierischen Existenz. Emotionalität schließt die Lücke zwischen Bedürfnis und Befriedigung im Tiersubjekt, womit sich das Prinzip der Mittelbarkeit im Leben äußert, das ursprünglich in einer Trennung von Subjekt und Objekt wurzelt. Gerade durch Emotionalität profiliert sich also das Tier gegenüber der Pflanze. Ist die Pflanze in ihrem Leben noch ganz unmittelbar in ihre Umwelt eingebunden, muss das höhere Tier die Distanzen in Raum und Zeit überbrücken und in seiner Sensibilität und Emotionalität gestalten. Beide, Pflanze und Tier, versuchen letztlich, ihrer metabolischen Lebenssituation gerecht zu werden, die nach Nahrung verlangt. Seinen Wesensunterschied zur Pflanze erkauft sich das Tier, so Jonas, zu einem hohen Preis. Ist die autotrophe Pflanze unmittelbar in die Umwelt eingebunden, um ihr Nahrungsproblem im Wortsinne durch eine bodenständige Lichtsuche zu lösen, muss das mobile höhere Tier seine Nahrung in räumlicher Distanz wahrnehmen, sie in zeitlichem Abstand emotional intendieren und schließlich handeln. Denn aus der räumlichen und zeitlichen Distanz des Tiersubjekts ergibt sich bei Tieren die »Ablösung des Handelns von seinem Zweck, oder das Phänomen mittelbarer Tätigkeit« (Jonas 1973, 159 f.).

Mit dem tierischen Aktionsspielraum ist auf der einen Seite eine gewisse »Freiheit« verbunden, auf der anderen Seite aber auch das Risiko des Irrtums und Misslingens. Tiere fressen Pflanzen oder andere Tiere, die als Beute ergriffen werden müssen, was gelingen kann oder auch nicht. Aktivität, Lust und Leid, emotionales Erleben von Mangel oder Furcht, manchmal von Schmerz, gehören damit wesenhaft zur Animalität einer begehrenden Lebensform. »Tierisches Sein ist seinem Wesen nach leidenschaftliches Sein.« (Jonas 1973, 161) Die zunehmende Individuation entpuppt sich daher im Tier als ein gefährdetes Leben, das über neue Qualitäten wie Emotionalität verfügt und so ein bloß metabolisches Leben übersteigt. »Das fühlende Tier strebt danach, sich als fühlendes, nicht bloß metabolisierendes Wesen, zu erhalten, d. h., es strebt danach, diese Aktivität des Fühlens als solche fortzusetzen«, wie das wahrnehmende Tier danach strebt, sich als wahrnehmendes Lebewesen zu erhalten usw. Damit ist auf der subjektiven Phänomenstufe nach Jonas in der Natur ein neues »Wagnis der Freiheit« (Jonas 1973, 162) erreicht. Im individuierten Tier stellt sich ein ausgeprägteres Selbst einer ausgeprägteren Welt gegenüber, ein immer mehr nervös zentralisiertes Wesen mit immer mehr Spielraum für das »frei-bewegliche Empfindungssubjekt«. Individuelle Sterblichkeit und ein gegenüber Pflanzen unsicheres risikobehaftetes Bewegungsleben, das durch Sensibilität und Emotionalität die permanente Kluft zwischen Subjekt und Objekt überbrücken muss, sind der Preis der Animalität. Doch bieten sich eben auch neue Möglichkeiten durch die weitere Emanzipation der tierischen Lebensform. Denn die »Freiheit des Lebens« (Jonas 1973, 163) findet durch Wahrnehmung, Gefühl und Tätigkeit einen neuen Gestaltungsraum. So gewinnt und verliert die Tiersubjektivität etwas im dialektischen Spiel des Lebens, wobei Jonas letztlich meint, dass auch im Tiersubjekt nicht eine bloß neutrale Andersheit, etwa im Vergleich zur Pflanze, sondern eine neue Wertstufe im Leben erreicht ist, die schließlich im menschlichen Handeln höher entfaltet wird.

Für die drei verschiedenen Konzepte animalischer Subjektivität lässt sich festhalten: Von Uexkülls Tiersubjekt ist primär auf eine sensomotorisch agierende Monade hin angelegt, auf eine Vielheit von arteigenen Tierumwelten, wobei er die Unterschiede zwischen der Subjektivität von Mensch und Tier nivelliert. Plessner dagegen profiliert den Menschen in Abgrenzung vom Tier in einer Phänomenologie der Wesensstufen, wobei das Tier die Pflanze durch eine zentrische, der Mensch das Tier durch eine exzentrische Positionalität überragt und die jeweilige Daseinsweise in ihrer besonderen biologischen Organisationsform verwurzelt ist. Bei von Uexküll und Plessner treten evolutionäre Aspekte in den Hintergrund. Jonas versucht in einem weiten naturphilosophischen Szenario, einer Art Naturgeschichte von Freiheit und Individuation, die Rolle von animalischer Ortsbewegung, Wahrnehmung und Gefühl für eine Tiersubjektivität als neue Qualitäten zu erfassen. Es sind die Individuen und die schon in der Animalität entdeckte Subjekt-Objekt-Spaltung, die eine mobile Überbrückung der Distanzen in Raum und Zeit mittels Wahrnehmung und Gefühl erfordern. Das Außen der Dinge wird so in das Individuum hinein vermittelt und von ihm in subjektiven Innenzuständen angegangen. Raum-zeitliche Distanzen müssen aktiv überbrückt werden und verschaffen dem Tiersubjekt einen Aktionsspielraum, über den Pflanzen nicht verfügen und der in existenzieller, ethisch relevanter Ausprägung beim Menschen als Willensfreiheit erscheint. Mit den Konzeptionen der Tiersubjektivität bei von Uexküll, Plessner und Jonas verlassen wir die naturphilosophisch spekulative Tierphilosophie, die schon in Herder oder Hegel Vorläufer hatte, und wenden uns der Gegenwart zu, die auch eine Kritik dieser Ansätze einschließt.

Nicht nur Philosophen, auch Biologen haben bis in die jüngste Zeit immer wieder die Frage des subjektiven Bewusstseins von Tieren aufgeworfen und gegenüber herrschenden Strömungen in der Ethologie verteidigt. Exemplarisch dafür steht das Buch *Wie Tiere denken* (1984, dt. 1985) des Zoologen und Verhaltensforschers Donald R. Griffin (1915–2003), der durch die Aufklärung der Echolot-Ortung der Fledermäuse beziehungsweise durch die Untersuchungen zur Navigation von Tieren bekannt wurde. Ohne Griffins Untersuchungen wäre Thomas Nagels philosophische Analyse: *Wie ist es, eine Fledermaus zu sein?* wohl kaum entstanden. Sie weist auf die moderne, kritisch epistemologische Hinterfragung der Bedingungen der Möglichkeit der Erkenntnis von Tiersubjektivität voraus.

Was kann ich vom Tier wissen?

Was bedeutet es, eine Fledermaus zu sein?

In seinem klassischen Aufsatz *What is it like to be a Bat?* (1974) versucht Thomas Nagel (geb. 1937), die Debatte über Kernphänomene und sogenannte Qualia in der Philosophie des Geistes neu zu befruchten. Die Qualia-Debatte wird seit den 1970er-Jahren im weiteren Umfeld der analytischen Philosophie geführt und hat zur Auslotung der Möglichkeiten und Grenzen reduktionistischer und funktionalistischer Erklärungen von Subjektivität beigetragen. Ein besonderes Problem liegt dabei im privilegierten Zugang eines Subjekts zu vermeintlich irreduziblen Qualia als unmittelbar erlebten Phänomenen wie beispielsweise ein Roterleben. Nur einem individuellen Subjekt mit Bewusstsein ist es möglich zu wissen, was es bedeutet, »Rot« zu sehen, und diesem auch nur dann, wenn es über entsprechende neuronale Voraussetzungen verfügt. Röte als qualitatives Phänomen kann nur unmittelbar als individuelle innere Erfahrung im Bewusstsein in der Erste-Person-Singular-Perspektive gegeben sein, das heißt, es wird ein privilegiertes erlebendes oder begreifendes Ich vorausgesetzt. Schon bei anderen Menschen, aber erst recht bei Tieren können diese »Intuitionen« in die Irre führen.

Trotz der Fledermaus im Titel dreht sich Nagels Aufsatz eigentlich nicht um das Tier, sondern um Gehirn-Geist-Konzepte und diffizile Einzelprobleme wie phänomenales Bewusstsein. Darüber hinaus geht es heute um mentale Repräsentationen sowie das Problem der Willensfreiheit. (Pauen in Herrmann et al. 2005) In diesem Kontext werden immer auch Momente der Tiersubjektivität angesprochen. Ausgangspunkt in der Diskussion über das Tiersubjekt sind subjektive Erlebnisphänomene, die Menschen in der Innenperspektive haben können. Analog dazu wird dann gefragt, ob auch Tiere und wenn ja, welche diese besonderen Erlebnisphänomene, etwa innerlich wahrnehmbare Qualitäten wie Farben oder Töne, für sich unmittelbar erleben können. Fragen dieser Art verbergen sich hinter dem Frageschema »Wie ist es, X zu sein?«, wobei X ein beliebiges Tier sein kann. Tierphilosophisch stellt sich die Frage, wie es ist, ein Tier zu sein, das eine ganz andere Organisationsform hat als der Mensch, also über andere Sinnesorgane verfügt oder über eine andere neuronale Basis. Wie bei Nagel geht es in erster Linie um epistemologische Fragen, die in kritischer Absicht anhand dieses Fallbeispiels aufgeworfen werden. Man kann sie unter den allgemeinen Titel bringen: Was kann ich denn überhaupt vom Tier wissen?

Hinter Nagels Fledermaus steht also ein ganzes Arsenal von philosophischen Problemen. Es ist schon problematisch, sich in das Bewusstsein anderer Menschen hineinzuversetzen, insbesondere wenn Anomalien oder besondere Grenzzustände vorliegen wie beispielsweise im Wachkoma. Noch schwieriger erscheint es, das Erleben einer fremden Lebensform zu beschreiben und zu rekonstruieren, vor allem, wenn auch noch eine andere Art der Sinnesorientierung vorliegt wie im Falle einer Ultraschall-Echolot-Orientierung. Je stärker ein Fremdbewusstsein von unserem menschlichen Bewusstsein abweicht, so Nagel, desto fraglicher ist eine analoge erstpersonale Einfühlung durch den Menschen. Andererseits scheint die Beschreibung eines Zustands umso objektiver auszufallen, je weniger die Begrifflichkeit von unserer spezifisch menschlichen Sicht abhängt, das heißt, je weniger anthropomorphe Begriffe bei der Beschreibung des Fremderlebens benutzt werden. Nun ergibt sich ein Dilemma, das als Schlüsselfrage formuliert werden kann: Wie können wir Menschen uns derartigen Erlebniszuständen subjektiv und objektiv zugleich, also aus erstpersonaler und zugleich aus drittpersonaler Perspektive, nähern? Wenn wir wissenschaftlich beschreiben möchten, wie es ist, eine Fledermaus zu sein, ist eine objektivierende Reduktion auf die drittpersonale Beschreibung gefordert. Dann aber müsste die individuelle Erlebnisperspektive ausgeklammert werden. Somit stehen wir möglicherweise vor einem Fremdbewusstsein, das nicht sprachlich in »wahren« Propositionen beschrieben werden kann, denn es ist unklar, wie ein objektiver Wahrheitsanspruch eingelöst werden kann, insbesondere wenn er an eine physikalische Terminologie gebunden wird, obgleich das Phänomen nur in einer psychologischen Terminologie beschrieben werden kann.

»Es fehlt uns eine Vorstellung davon, in welcher Weise ein psychologischer und physikalischer Ausdruck überhaupt eine und dieselbe Sache bezeichnen könnten«, schreibt Nagel. Daran schließt eine tiefer gehende Frage der Philosophie des Geistes an, die sich schon bei der Beschreibung der eigenen, erstpersonalen Qualia-Erlebnisse stellt: »Hat es überhaupt Sinn zu fragen, wie meine Erlebnisse *wirklich* beschaffen sind, im Gegensatz dazu, wie sie mir erscheinen?« Psychisch erscheint mir etwas als »Rot«. In der Sprache der Physik wäre auf bestimmte Wellenlängen Bezug zu nehmen, durch die aber nicht die individuelle Wirklichkeit meines Roterlebens beschrieben werden kann. Wir können aus physikalischer Perspektive durchaus die Ultraschall-Echolot-Interaktionen der Fledermaus beschreiben, mit deren Hilfe sie im Flug Hindernissen ausweichen kann. Aber was sie dabei erlebt, ist für unsere Art von Bewusstsein ohne dieses besondere Orientierungsvermögen schwer nachvollziehbar. Es scheint, als könnten wir ein artverschiedenes Bewusstsein nur haben, indem wir uns in die Perspektive des erlebenden Subjekts hineinprojizieren. Dies führt jedoch in den Anthropomorphismus. Worin könnte ein Ausweg aus diesem Dilemma bestehen? Nach Nagel benötigten wir Begriffe und Methoden für eine »*objektive* Phänomenologie«, die nicht auf Empathie und Imagination angewiesen ist, aber dennoch Subjektivität so zu beschreiben vermag, dass »diese Beschreibung sogar Wesen verständlich wäre, denen die beschriebenen Erlebnisse selbst nicht möglich sind«. (Nagel 1996, 245–248) Das aber überschreitet die gegenwärtigen Möglichkeiten menschlichen Erkennens.

Nagels »mysteriöse« Antwort auf unsere Eingangsfrage, was wir vom Tier wissen können, lautet daher: Ein Fenster ins Tierbewusstsein kann es für uns Menschen nicht geben, und es gibt berechtigte Zweifel daran, dass wir je wissen werden, wie es ist, ein Individuum einer anderen Spezies zu sein. Doch gegen Nagel würde ein moderner Tierpsychologe wie der Fledermausforscher Donald Griffin einwenden, dass dennoch zwei Fenster offen sind, nämlich einerseits Untersuchungen von neuartigem Verhalten und zum anderen die Interspezieskommunikation. Griffin sieht die zentrale Aufgabe der von ihm so bezeichneten »kognitiven Ethologie« darin, »die Speziesgrenze zu überschreiten und zu versuchen, befriedigende Informationen darüber zu sammeln, was andere Spezies denken und fühlen mögen« (Griffin 1985, 22; vgl. Einl. in Q7: 49–51).

Treiben wir zunächst die Fragen weiter auf dem Weg, den Nagel eingeschlagen hat. Haben wir vielleicht schon zu viel zugestanden? Der Kognitionsforscher und Philosoph Daniel Dennett (geb. 1942) kritisiert die einseitige Auswahl von Nagels Belegen für die Echolokation bei Fledermäusen, die doch aus der Perspektive der dritten Person wissenschaftlich hart erarbeitete Tatsachen darstellten. Immerhin bestätigten sie, dass sie »etwas« über Fledermäuse aussagen: *dass* sie ein Bewusstsein haben und dass ihr Bewusstsein von unserem verschieden sei. Nagels Beitrag sei daher inkonsistent. Dennett hakt nach: »Wenn einige solcher Tatsachen *etwas* über das Bewusstsein von Fledermäusen darlegen können, könnten dann weitere Tatsachen dieser Art nicht noch mehr sichtbar machen?« (Dennett in Q7: 392) Nagel habe sich schon auf einige »objektive« Tatsachen eingelassen, warum also nicht auf weitere? Vielleicht steht am Ende doch die Antwort auf die Frage, wie es ist, eine Fledermaus zu sein. Dennett bevorzugt die Methode der drittpersonal beschreibenden »Heterophänomenologie«, Nagel offenbar die »Autophänomenologie«, das heißt eine am erlebenden Subjekt selbst gewonnene Innenerfahrung in der ersten Person mit all den damit verbundenen Problemen.

Anthropomorphismus als epistemologisches Kernproblem

Besitzen Fledermäuse überhaupt ein Bewusstsein? Um diese Frage zu beantworten, müssen weitere Kriterien diskutiert werden wie Intentionalität, Kognition oder Selbstbewusstsein in Abgrenzung zu bloßem Bewusstsein. Erneut lauern die Gefahren des Anthropomorphismus. Tierisches Bewusstsein ist ein Testfall für die Kognitionswissenschaften und wirft einen ganzen Katalog recht unterschiedlicher Fragen auf: Wie kann man tierisches Bewusstsein untersuchen? Ist der Ausgang von der Theorie der menschlichen Kognition eine Sackgasse? Welche Belege gibt es für eine Empfindungsfähigkeit bei Tieren? Welche Rolle spielen evolutionäre Kontinuitätsargumente für Bewusstsein? Kann von Begriffen, Meinungen, Sprache, von einer Theorie des Geistes, von Selbstbewusstsein bei Tieren die Rede sein? (Bremer in Herrmann et al. 2005). Schon allein diese Fragen sind anthropomorph gefärbt.
Der Anthropomorphismus gilt gleichsam als die schwerste epistemologische Krankheit, von der Biologen und Philosophen bei ihrer Auseinandersetzung mit dem Tier befallen werden können. In Bezug auf die Frage, ob die Behauptung analoger Verhältnisse in diversen Innenperspektiven bei Mensch und Tier, sei es in der Welt- oder der Selbsterfahrung, grundsätzlich berechtigt ist oder nicht, könnte man von der Frage nach der Berechtigung eines »empirischen Anthropomorphismus« sprechen. Symbolischer und empirischer Anthropomorphismus unterscheiden sich darin, ob

sich unsere Vorstellungen auf eine sinnlich nicht gegebene Vernunftidee wie Gott oder auf Tiere als Gegenstände unserer Erfahrungswelt beziehen. Der Sinn der terminologischen Unterscheidung zwischen symbolischem und empirischem Anthropomorphismus zielt auf die These, dass symbolisch anthropomorphe Aussagen über Gott grundsätzlich nicht empirisch zu untermauern sind, empirisch anthropomorphe Aussagen über Innenzustände von Tieren aber immerhin durch weitere empirisch gestützte Hypothesen erhärtet, wenngleich nicht letztgültig bewiesen werden können.

Der empirische Anthropomorphismus gibt Regeln und Grundsätze an, mit denen wir bereits vollzogene Erfahrungsurteile über Vorstellungen und Gefühle von Tieren rechtfertigen können, die wir aufgrund unserer eigenen Welt- und Selbstwahrnehmung in Raum und Zeit über Tiere gefällt haben. So haben wir bei den Urteilen über äußerlich wahrnehmbares Verhalten im Raum oft gute Gründe, analoge Verhältnisse bei Mensch und Tier anzunehmen, etwa wenn wir ein Jagdverhalten beobachten, das bei Mensch und Tier auf Beute beziehungsweise Nahrung abzielen kann. Infrage steht aber, ob und inwieweit dieser äußere Vorgang von einem äußerlich nicht beobachtbaren inneren Vorgang analog zum subjektiven Erleben des Menschen begleitet wird, beispielsweise von einem zeitweise nur innerlich erfahrbaren Gefühl oder einer Leidenschaft – von Hunger oder Gier. In diesem engeren Sinne geht es also hier eigentlich um eine Anthropopathie, darum, sich nichtmenschliche Wesen wie Tiere als mit menschlicher Empfindung und Leidenschaft begabt zu denken. Noch präziser formuliert geht es in der Rede über den »Geist der Tiere« meist darum, ob Tiere Gedanken und Intentionen in Analogie zu Menschen haben können. Phänomenologisch gesprochen geht es vor allem um die Berechtigung anthropo-noematischer oder anthropo-noetischer Analogien (Noema = Denkinhalt; Noesis = Denkakt), also um die Übertragung von menschenanalogen Denkinhalten und Denkakten auf Tiere, was einer epistemologischen Prüfung

zu unterziehen wäre. Schließlich ist manchmal auch noch von soziomorphen Beschreibungen und Erklärungen tierischen Sozialverhaltens die Rede, so bei Verwendung von Ausdrücken wie »Kooperation« oder »Altruismus«. Philosophische Aufklärung dazu lieferte insbesondere die Debatte der letzten Jahrzehnte zwischen Soziobiologie und Ethik. Im tierphilosophischen Kontext steht unter dem Sammelbegriff »Anthropomorphismus« die Frage nach der Berechtigung der Übertragung von in der eigenen psychischen Erfahrung erlebten Zuständen, sogenannten Qualia, auf Tiere im Mittelpunkt. Bereits der Alltagsverstand benennt äußerlich wahrnehmbare Gestalt, Gestik, Entwicklung und Verhalten von Tieren, wozu in der wissenschaftlichen Analyse unzählige Befunde der Anatomie, Zytologie, Molekularbiologie etc. hinzutreten. Damit liegen unterschiedlichste empirische Indikatoren für berechtigte Analogiebehauptungen vor.
Erstaunlich ist, dass es die theoretische, epistemologische Reflexion ist, die jede Art von Anthropomorphismus in Zweifel zieht. Im Alltag agiert aber fast jeder Befehle erteilende Hundehalter so, als ob sein Hund ohne Weiteres seine Sprache und Gedanken nachvollziehen könne. Und auch in der Wissenschaft und Technik wird dies manchmal vorausgesetzt, zum Beispiel in der tierexperimentellen Prothetik: wenn eine von einem Affen mental gesteuerte Armgreifprothese beim Anblick eines plötzlich hingehaltenen Nahrungsobjekts nach dessen »Wahrnehmung« ein »Gefühl« des »Begehrens« erzeugt, das wiederum eine Art von »Willensimpuls« oder »Handlung« nach sich zieht, die zum Ergreifen der Nahrung, ihrer Hinführung zum Mund und schließlich zur vorübergehenden »Befriedigung« von subjektiven »Lustgefühlen« führt. Derartige operational pragmatische Analogien zu einem menschlichen Aktleben werden in diesem Fall vorausgesetzt, da andernfalls Prothesen in Tierversuchen kaum getestet werden könnten. Ein Analogieschluss kann induktiv gut begründet sein, etwa wenn bei höheren Tieren und Menschen von der Gehirngröße, dem Auge oder von At-

mung und Fortbewegung die Rede ist. So kann aus dem Vorliegen eines Gehirns bei Mensch und Elefant auf ähnliche Funktionen geschlossen werden, zum Beispiel auf sensomotorische Aktivitäten. Problematisch ist es aber, wenn vom bloßen Gewicht und der Größe des Gehirns auf größere Klugheit oder Sensibilität geschlossen wird. Um derartige unzulässige Überschreitungen geht es bei anthropomorphen Zuschreibungen. Die Geschichte der Tierbeschreibungen ist voll von unkritischen Zuschreibungen innerer Fähigkeiten bis hin zu einer Vernunft der Tiere. Doch die moderne Geschichte der Tierpsychologie kann auch als eine Geschichte der Entanthropomorphisierung des Tieres verstanden werden, in der methodische und ontologische Konzepte des Tieres - von Descartes' Automatenhypothese bis hin zum Behaviorismus - eine große Rolle gespielt haben. Dennoch darf in der Verhaltenslehre das heuristische Potenzial des empirischen Anthropomorphismus nicht unterschätzt werden und schon gar nicht seine Bedeutung in der alltäglichen Behandlung von Tieren, insbesondere wenn es um das »Leiden« der Tiere geht. Daher ist gerade im Hinblick auf die Tierschutzethik Anthropomorphismus ein Dauerproblem. (L7: 15f.)

Welche Methode kann also bei der Frage des tierischen Bewusstseins vor der Gefahr eines unkritischen Anthropomorphismus schützen? Klar ist einerseits, dass anthropomorphe Tierinterpretationen nicht vollständig eliminiert werden können, erst recht nicht im Rückgriff auf eine einzelne Methode. Vielmehr ist es gerade die Vielheit völlig verschiedener Methoden und Ansätze, die es erlaubt, die Gefahr von Anthropomorphismen zu minimieren. Verschiedene Wissenschaften können zur Aufklärung über tierisches Bewusstsein beitragen, so die klassische beziehungsweise moderne Ethologie. Schon bei der Beobachtung einer Verhaltensweise wie das Verschlingen einer Beute durch ein höheres Wirbeltier schließen wir analog zu uns selbst, dass hier ein Bedürfnis wie Hunger mit großer Gier befriedigt wird, und haben schon unsere Erfahrungen mit diesen Bewusstseinsphänomenen in die Interpretation dieses tierischen Verhaltens hineingetragen. Folglich wurden nicht bloß behavioristische Verhaltensbeschreibungen, sondern auch subjektive phänomenale Deutungen vorgenommen, mithin behavioristische und phänomenologische Methoden kombiniert. Nun können neurobiologische und andere physiologische Befunde, etwa ähnliche neuronale Aktivitätsmuster in ähnlichen Hirnarealen oder neuronal gesteuerte Sekretionsvorgänge bei der Verdauung, als weitere, neurophysiologische Indizien für ähnliche begleitende Erlebnisse dienen. Schließlich können Psychologie, Kognitionswissenschaften, Linguistik und auch Philosophie zur Klärung der Konzepte und Begriffe beitragen, zum Beispiel bei Wörtern wie »Wohlbefinden« oder »Schmerz«. Auch eine evolutionsbiologische Methode kann hilfreich sein, um den Anwendungsbereich der Erklärung einzugrenzen. Schmerz scheint bei höheren Wirbeltieren die Aufmerksamkeit auf schädigende Situationen zu fokussieren und mit einer Plastizität des Verhaltens einherzugehen, die eine zentrale sensomotorische Verarbeitung von Inputs erfordert. Aus diesem Grunde könnte bei Käfern und anderen Insekten das Phänomen Schmerz fehlen, weil es keinen evolutionären Druck gibt, der dies für kurzlebige Individuen vorteilhaft erscheinen lässt. (Bremer in Herrmann et al. 2005, 291) Schließlich können auch Künstliche-Intelligenz-Forschung, Computermodelle oder Robotik zur Aufklärung des Bewegungsverhaltens beitragen. »So mag sich die intuitiv überzeugende Beschreibung eines Käfers in intentionaler Redeweise als unzulässig anthropomorph erweisen, wenn genau das beschriebene Verhalten von einem kleinen Roboter simuliert werden kann, den wir sicher nicht intentional beschreiben wollen.« (Bremer in Herrmann et al. 2005, 288) Also greifen sehr heterogene Methoden und Ansätze kooperativ ineinander, um dem Phänomen tierischen Bewusstseins näherzukommen – bis hin zur völligen Ablehnung einer anthropomorphen Beschreibung und Erklärung.

Vom »Geist der Tiere« zum »Klugen Hans«

Um Sprache, Denken, Selbstbewusstsein und Vernunft beim Menschen dreht sich die klassische Philosophie von Platon bis Wittgenstein, und es verwundert nicht, wenn in diesen Zusammenhängen beiläufig auch der »Geist der Tiere« (Q7) beziehungsweise eine »Vernunft der Tiere« (Q8) zur Sprache kommt. Allerdings ist nicht immer klar, was diesen Geist eigentlich ausmacht. Insbesondere philosophische Anthropologen wie Scheler oder Plessner haben sich oft notgedrungen mit dem Tier befasst, um den Menschen systematisch von ihm zu scheiden. Als ein wichtiges Anthropinum (Wesensmerkmal des Menschen) gilt die Sprache. So hebt Anfang der 1950er-Jahre Erich Rothacker (1888–1965) in seiner *Philosophischen Anthropologie* zunächst mit Scheler die Umwelt- und Dranggebundenheit des Tieres hervor, setzt dann die »Distanzierung als spezifische Fähigkeit des Menschen« dagegen, um dies in einem Exkurs über »Tiersprache und Menschensprache« belegt zu sehen. (Rothacker 1982, 120ff. u. 132ff.) Nach Rothacker können Tierlaute Affekt-, Stimmungs- oder Ausdruckslaute sein, doch anders als menschliche Worte sind sie »nicht bezeichnend, sie haben keine *Wortbedeutung*«. Viele Sprachtheoretiker wie Ernst Cassirer und Sprachwissenschaftler seien sich darin einig, dass Tiere keine echten Worte, Sätze, Sachverhalte verstünden. Ein Hund, der das Wort »Spaziergang« höre, erfasse den Wortklang, aber nicht dessen symbolische Funktion. Nur der Mensch sei in der Lage zu Ideation und Transzendierung, nur er kann sich distanzieren und unendlich in Ideen transzendieren, nur er ist der »Weltidee« fähig, was diverse Folgen hat: »Tierische Lebewesen haben kein Schicksal, weil ihnen die Idee der unendlichen Möglichkeit fehlt.« (Rothacker 1982, 145) Die Liste ähnlicher Apologien von Anthropina ließe sich fortsetzen. Die klassische philosophische Anthropologie war von der Tradition des Idealismus geprägt, wonach ohnehin nur der Mensch wirklich über Geist verfügte.

Insofern wurde meist nur die Wesens*differenz* sorgfältig untersucht, das Wesen des Tieres qua Tier aber nur beiläufig behandelt. Davon unterschied sich die Vorgehensweise des bereits vorgestellten Philosophen und Biologen Helmuth Plessner, der dem Tier den größten Teil seiner philosophischen Anthropologie widmete.

Moderne Wissenschaftstheoretiker, Sprachphilosophen oder Dekonstruktivisten haben sich nur zögernd wieder dem »Geist der Tiere« zugewandt. Erst seit den 1970er-Jahren ließ sich die Philosophie vor allem durch Beobachtungen und Experimente der Verhaltensforschung neu zur Reflexion über das Tier herausfordern. Wieder standen, wie schon in der klassischen philosophischen Anthropologie, Menschenaffen und vor allem ihre Kommunikation mit dem Menschen, mithin die Interspezieskommunikation, im Zentrum der Untersuchungen, welche zunächst den Sprachphilosophen zu schaffen machte. »Sprechende Tiere« waren in der früheren Anthropologie immer wieder ein Thema gewesen, wobei zunächst ihre Verständigkeit und Intelligenz als Zeichen »der inneren Vernunft« im Mittelpunkt stand. Berühmt wurde um 1900 der »Kluge Hans«, ein Pferd, dem durch den sogenannten »Klugen-Hans-Effekt« ein zweifelhaftes Denkmal gesetzt wurde.

Ein pensionierter Berliner Elementarschullehrer, Wilhelm von Osten, gewann im alltäglichen Umgang mit seinem Droschkenpferd Hans mehr und mehr den Eindruck von einem klug überlegenden Verhalten des Tieres. Nach dem Tod dieses Pferdes ließ ihn die Idee nicht mehr los und er erwarb im Jahr 1900 einen nach den Prinzipien der gallschen Schädellehre ausgesuchten Russischen Orlowtraber, Hans II., den er nun systematisch nach den reformpädagogischen Prinzipien Adolph Diesterwegs auf seinem Berliner Hinterhof in Lesen, Schreiben und Rechnen unterrichtete. Schon bald zeigte das Pferd ganz außerordentliche Leistungen, für die von Osten nun auch die Wissenschaft zu interessieren bemüht war. Der »Kluge Hans« hatte zwar eine wachsende

Fangemeinde unter namhaften Kavalleriemajoren und auch unter Zoologen gewonnen, denen ein vernünftiges Tier gut in ihre darwinsche Weltanschauung gepasst hätte, aber an eine seriöse wissenschaftliche Untersuchung des Phänomens mochte kein namhafter Wissenschaftler heran. Von Osten wandte sich daher sowohl an die Presse als auch an die kaiserlichen Ministerien. Das Kulturministerium nötigte schließlich den Leiter des Psychologischen Instituts und Begründer der Gestaltpsychologie, Carl Stumpf, sich im Februar 1904 von Ostens Pferd anzusehen. Im August 1904 musste Stumpf dem Kultusministerium eingestehen, dass hier tatsächlich ein erstaunlicher Fall von Tierpädagogik vorliege. Als im September 1904 sogar die *New York Times* berichtete, dass der deutsche Kaiser den Klugen Hans wohl bald selbst inspizieren wolle, kam Stumpf nicht mehr umhin, sich des Phänomens erneut anzunehmen. Er bildete eine dreizehnköpfige hochkarätige interdisziplinäre Untersuchungskommission, der auch der Berliner Zoodirektor Ludwig Heck und der Zoologe Oskar Heinroth angehörten. Er beschränkte dabei das Untersuchungsziel der Expertengruppe auf die »Vorfrage«, »ob bei den Vorführungen des Pferdes des Hrn. v. O. Tricks d. h. beabsichtigte Hilfen oder Beeinflussungen stattfinden« (W16: 9). Um »die Frage, ob das Pferd denke oder nicht«, drückte sich Stumpf herum. Das Ergebnis der Expertenkommission war, dass von Osten tatsächlich nicht getäuscht und auch keine herkömmlichen Dressurmethoden angewendet hatte, um die verblüffenden Leistungen seines Pferdes hervorzubringen. Es führte kein Weg vorbei an der Bildung einer neuerlichen Expertenkommission, die sich nun doch der unangenehmen Frage nach der Denkfähigkeit des Hengstes widmen musste.
Stumpfs junger Hilfsassistent Oskar Pfungst sollte sich mit dieser Untersuchung in die Geschichte der Verhaltensforschung einschreiben. In seinem Klassiker *Das Pferd des Herrn von Osten. (Der kluge Hans). Ein Beitrag zur experimentellen Tier- und Menschen-Psychologie* (1907) bestimmt

Pfungst die Herausforderung des Klugen Hans als eine anthropologische inmitten von »zwei Tendenzen« in der »Geschichte der Tierseelenfrage«: »Die eine zielt darauf ab, das Tier möglichst weit vom Menschen abzurücken, die andere, es ihm zu nähern. Daß viele tierische Handlungen nichts von Vernunft, d.h. von begrifflichem Denken offenbaren, war nicht zu bestreiten. Daß andere als vernünftig gedeutet werden könnten, nicht minder: ob sie jedoch so gedeutet werden *müßten*, darum drehte sich der Streit. Eine einzige unanfechtbare Tatsache, die diese Forderung erfüllte, hätte mit einem Schlag die ganze Frage zugunsten derer entschieden, die die Denkfähigkeit der Tiere behaupteten.« (W16: 8) Kurz und gut – Stumpf konnte am 9. Dezember 1904 aufgrund von Pfungsts akribischen Experimenten mit dem Pferd ein Gutachten vorlegen, dem zufolge Hans doch nicht klug, sondern nur auf erstaunliche Weise dressiert worden war, und zwar durch unwillkürliche kleinste Körper- und Gesichtsbewegungen seitens der Versuchsleiter: »Das Pferd versagt, wenn die Lösung der gestellten Aufgabe keinem der Anwesenden bekannt ist [...]. Es kann also nicht zählen, lesen und rechnen. [...] Es bedarf also optischer Hilfen«, die »nicht absichtlich gegeben zu werden« brauchen. (W16: 186) Damit war der Fall »Kluger Hans« für die wissenschaftliche Welt erledigt und die Weltordnung wiederhergestellt. Die tatsächlich erstaunlichen und im Wortsinne feinsinnigen Interpretationsleistungen, die das Pferd offensichtlich in der Interspezieskommunikation mit seinen Versuchsleitern vollbracht hatte, schienen niemandem weitere Forschungsprogramme wert. Alle Beteiligten waren auf die Vernunftfrage fixiert.

Was ist geblieben vom »Klugen Hans«? Im Kontext der experimentellen Verhaltensforschung der Effekt und der Versuch seiner Vermeidung – wie auch immer der Fehler genannt wird: ob Kluger-Hans-, Pygmalion- oder Erwartungseffekt. Um die so bezeichneten unwillkürlichen kleinsten Beeinflussungen der Tiere durch den Versuchsleiter zu vermeiden, gibt es seither die Vorschrift, Versuchstier und Versuchsleiter während des Experiments räumlich zu trennen. Seit dem »Klugen Hans« wurde das viel zitierte tierpsychologische Sparsamkeitsprinzip des Psychologen Conwy Lloyd Morgan (1852–1936), eine Handlung nicht als »Ergebnis der Wirkung einer höheren psychischen Fähigkeit« zu deuten, wenn sie auch als dasjenige einer niedrigeren gedeutet werden könne, erst recht dazu »benutzt, um den Tieren psychische Komplexität abzusprechen und ihr Verhalten in eine Zwangsjacke von Tropismen, bedingten Reflexen und Versuch- und Irrtum-Lernen zu pressen« (Burghardt 1984, 19). Den faszinierenden kommunikativen Fähigkeiten der Tiere jenseits einer »Vernunft der Tiere« schenkte die Wissenschaft wenig Aufmerksamkeit. Das Pfungst-Gutachten, bereits 1911 ins Englische übersetzt, zogen dagegen der Harvard-Psychologe Robert Rosenthal und der Semiotiker Thomas Sebeok heran, um sich gegen Sprachversuche mit Menschenaffen zu wenden, weshalb gerade in diesem Kontext oft vom »Klugen-Hans-Effekt« die Rede ist.

Das Denken der Tiere nach dem »linguistic turn«

Anregende Einblicke und Argumente bietet der von Dominik Perler und Markus Wild herausgegebene Quellenband *Der Geist der Tiere* (Q7), in dem sich berühmte Sprachphilosophen und Analytiker nach dem »linguistic turn« in der Philosophie wieder dem »Geist« der Tiere zuwenden. Bereits Ludwig Wittgenstein (1889–1951) ist in seinen *Philosophischen Untersuchungen* (Teil II.I.) »auf den Hund gekommen«: »Man kann sich ein Tier zornig, furchtsam, traurig, freudig, erschrocken vorstellen. Aber hoffend? Und warum nicht?« Wittgenstein illustriert dies am Beispiel eines Hundes, der seinen Herrn erwartet, und fragt sich, ob der Hund auch »glauben« kann, »sein Herr werde übermorgen kommen«. Der Mensch mit seiner Sprache wird nun zum Bezugspunkt für die Frage: »Kann nur hoffen, wer sprechen kann? Nur der, der die Verwendung einer Sprache beherrscht.«

Der Philosoph Norman Malcolm (1911–1990) setzt sich in seiner Schrift *Gedankenlose Tiere* (1972) mit der kontraintuitiven cartesischen Tierautomatentheorie auseinander. Nach moderner Interpretation hat »jedes Fühlen, jeder Wunsch, jeder willentliche Akt, jedes Gefühl und jede Empfindung einen propositionalen Kern«, was letztlich bedeutet, dass eine Art »Denken« vorliegt. Dass Tiere heutzutage deshalb zu Automaten erklärt werden, weil sie keine Propositionen denken können, ist für Malcolm eine absurde und überintellektualisierte Behauptung. Wieder dient der Hund als Beispiel, um die Beziehung zwischen Sprache und Denken zu untersuchen. Der Hund mag vielleicht keine »Gedanken haben«, aber trotzdem kann »Denken« vorliegen, was letztlich darauf hinausläuft, dass der Hund keinen »Geist« hat, der sich in Sprache gründet, wohl aber ein Bewusstsein, wenngleich ohne Gedanken oder propositionalen Gehalt. Betrachten wir das Problem aus anderer Perspektive.

Nach John R. Searle (geb. 1932), einem Wegbereiter der Sprechakttheorie, ist eine Äußerung als Sprachhandlung zu begreifen. Dabei ist der Aussageninhalt, etwa dass der Hund bissig ist, von seiner illokutionären Rolle zu unterscheiden, zum Beispiel der Warnung vor dem Hund. Sein Hund namens »Ludwig Wittgenstein« bietet Searle eine gute Gelegenheit, über dessen Bewusstsein, Intentionalität und Gedankenprozesse nachzudenken. (Q7: 132–152) Als Hauptargument gegen ein Denken der Tiere werde meist die Notwendigkeit des Besitzes von Sprache als Voraussetzung für Denken angeführt. Ohne Sprache kein Denken, lautet die alte und neue These. Wieso aber sollte Sprache die Voraussetzung von Bewusstsein sein, wenn es doch Babys und Stumme ohne Sprache, aber mit Bewusstsein gibt, fragt Searle. Man mag beim propositionalen Gehalt von Überzeugungen und Wünschen feinsinnige Abstufungen machen, nicht jedoch bei intentionalen Zuschreibungen zu Tieren.

Searle referiert die Behauptung seines Kollegen Donald Davidson (1917-2003), dass ein Gedanke immer in einem Netz von Überzeugungen auftreten müsse. Um eine Überzeugung zu haben, müsste der Hund einen »Begriff der Überzeugung« besitzen, eben »um wahre von falschen Überzeugungen« unterscheiden zu können. (Q7: 139) Eine derartige Wahrheitsdifferenz kann nach Davidson nur im Kontext der Sprache auftreten, da Wahrheit ein metasprachliches semantisches Prädikat sei. Searle bezweifelt hingegen, dass man nur innerhalb einer Sprache zwischen wahr und falsch unterscheiden könne und dass Überzeugungen und intentionale Zustände Sprache voraussetzen. Letztere können erfüllt oder unerfüllt sein, so Searle, doch bedarf dies notwendig einer Sprache? Searle führt das Problem einer biologisch-psychologischen Lösung zu und vermutet, dass Tiere ohne Sprache über Überzeugungen und intentionale Zustände verfügen, denn ihre Intentionen sind in ein »Netz von Wahrnehmungen und Handlungen« eingebettet, »und diese sind die biologischen Grundformen der Intentionalität« (Q7: 140). Searle schreibt, dass sein Hund »Wittgenstein«, wenn er den Baum anbellt und hochschaut, glaube, die Katze sei im Baum. Warum? Weil der Hund gesehen hat, wie die Katze hinaufrannte. Warum aber rennt er später in den Nachbargarten? Weil er gesehen habe, dass die Katze dorthin gerannt ist, und jetzt nicht mehr glaube, dass die Katze auf dem Baum sei. »Der allgemeine Punkt ist der, dass Tiere ihre Überzeugungen andauernd auf der Grundlage ihrer Wahrnehmungen korrigieren. Um diese Korrekturen zu machen, müssen sie in der Lage sein, den Sachverhalt, in dem ihre Überzeugung erfüllt wird, von einem Sachverhalt zu unterscheiden, in dem sie nicht erfüllt wird. Und was für Überzeugungen gilt, gilt auch für Wünsche.« (Q7: 141)

Gegen Plessners traditionelle Auffassung scheint Searle also seinem Hund eine Art Einsicht in Sachverhalte zuzutrauen. Ohne diese Überzeugungen sei das Verhalten des Tieres unverständlich, behauptet Searle, und weiter: »In solchen

Fällen unterscheiden Tiere wahre von falschen Überzeugungen, befriedigte von unbefriedigten Wünschen, ohne dass sie die Begriffe von Wahrheit, Falschheit, Befriedigung oder [...] von Überzeugung und Wünschen haben.« (Q7: 141) Metasprachliche Begriffe von »wahr« und »falsch«, der Besitz einer Objektsprache – all das brauchen Tiere nicht, um ihre Überzeugungen und Wünsche auszudrücken, und damit brauchen sie auch keine Sprache, um wahre von falschen Überzeugungen unterscheiden zu können: »Ich schließe daraus, dass die Argumente, die Tieren geistige Phänomene verwehren und von Descartes bis Davidson reichen, kraftlos sind.« (Q7: 142) Der kleine Ausschnitt demonstriert, wie Philosophen der Sprache und des Geistes miteinander ringen. Die andere wichtige Frage, welche Tiere wie mit ihrem Gehirn Geist erzeugen, tritt in den Hintergrund. Tiere mögen keine Epistemologie, keine Theorie des Bewusstseins haben. Derartiges interessiert nach Searle aber auch nicht bei der Beantwortung der Frage, ob Tiere Bewusstsein haben. »Es ist egal, *wie* ich weiß, dass mein Hund Bewusstsein hat, oder sogar, *ob* ich ›weiß‹ oder nicht ›weiß‹, dass er Bewusstsein hat. Tatsache ist, dass er Bewusstsein hat, und dass Epistemologie auf diesem Gebiet von dieser Tatsache ausgehen muss.« (Q7: 151)

Ob der Sprechakttheoretiker Searle den entscheidenden Punkt getroffen hat, wird vielleicht nach Darlegung der kritisierten Gedanken des Sprachanalytikers Donald Davidson klar. Dieser hat sich in einem kurzen Beitrag mit »rationalen Lebewesen« (in Q7: 117–131) befasst. Bereits der Titel *Rationale Lebewesen* lässt erkennen, dass Davidson nur notgedrungen und vorübergehend Tierphilosoph ist, weil er über vernünftige Menschen sprechen will, deren Vernunft, propositionale Einstellungen, Überzeugungen, Intentionen im Mittelpunkt seiner Philosophie stehen. Dabei interessiert ihn die These, dass »nur Geschöpfe mit Sprache denken können«, nicht die vermeintlichen moralischen Implikationen, die davon völlig unabhängig seien. (Q7: 119 Anm. 1) Das Problem des Tiergedankens ist für Davidson kein rein empirisches, da auch ein Kriterium formuliert werden muss, das entscheidet, »wann ein Geschöpf propositionale Einstellungen« (Q7: 117) habe. Er konzediert, dass eine Überzeugung immer in ein Geflecht von Überzeugungen eingebettet ist. Doch gehe es nicht darum, dass bloß der Mensch diese Überzeugungen habe – Davidson will dem Vorwurf des Anthropozentrismus entgehen und kommt endlich auf die Geschichte zu sprechen, mit der Malcolm zeigen will, dass Hunde denken. Also: Ein Hund jagt die Nachbarskatze, die den Hund täuscht und sich in Sicherheit bringt, aber nicht auf dem Baum, den der Hund gerade anbellt. Als menschliche Beobachter sagen wir: »Er denkt, die Katze sei diese Eiche hochgeklettert.« (Q7: 119) Wir schließen dann auf Überzeugungen und weiter auf zugrunde liegende Absichten und Wünsche des Hundes. Doch dürfen wir wirklich die Existenz propositionaler Einstellungen – eine Überzeugung des Hundes, dass p der Fall ist – annehmen? Davidson erörtert zunächst Fragen aus dem Umfeld des Problems, zum Beispiel ob der Hund von einem Gegenstand glauben kann, dass er ein Baum ist. Letztlich geht es Davidson um die zentrale Frage, ob kohärente Überzeugungen vorliegen, also solche, die in ein Geflecht anderer Überzeugungen eingebettet sind. »Eine radikale Inkohärenz von Überzeugungen ist daher unmöglich. Eine einzige propositionale Einstellung zu haben, heißt, eine weitgehend korrekte Logik zu haben. Dies ist ein Grund, warum propositionale Einstellungen zu haben heißt, ein rationales Geschöpf zu sein.« (Q7: 122) Damit ist die Katze aus dem Sack und es sieht schlecht aus für Searles denkenden Hund. Denn hinzu kommt nun nach Davidson, dass der Hund über keine Sprache verfügt. Es gehe aber nicht einfach darum, Denken auf Sprache zu reduzieren: »Meine These lautet vielmehr, dass ein Geschöpf keinen Gedanken haben kann, wenn es nicht über Sprache verfügt.« (Q7: 124) Die Fähigkeit zur Interpretation sei gefordert. Es sei daher problematisch, ja sogar falsch, »den Schluss zu ziehen, dass stumme (= zur Interpretation und Beteiligung an einer Sprachgemeinschaft unfähige) Tiere propositionale Einstellungen haben« (Q7: 125).

Auf den Punkt gebracht geht es bei Davidson um die Überzeugungsbedingungen. Ohne Überzeugung gibt es keine anderen propositionalen Einstellungen und somit keine Rationalität. »Erstens argumentiere ich: Um eine Überzeugung zu haben, ist es notwendig, den Begriff von Überzeugung zu haben. Zweitens argumentiere ich: Um den Begriff von Überzeugungen zu haben, muss man über Sprache verfügen.« (Q7: 126) Gegen Malcolm, der Geschöpfe, die denken, von denjenigen unterschied, die den Begriff von einem Gedanken haben, setzt Davidson, »dass man zum Denken den Begriff von einem Gedanken haben muss und dass somit in beiden Fällen Sprache erforderlich ist« (Q7: 127). Damit stehen die Chancen für den denkenden Hund namens Wittgenstein wieder schlecht. Denn er muss nicht nur eine Überzeugung, sondern auch »die Überzeugung von einer Überzeugung haben« (Q7: 128).

Davidson erläutert am Phänomen der Überraschung, was gemeint ist. Bei einer Überraschung muss ich mir eines Gegensatzes zwischen dem, was ich glaubte, und dem, was ich jetzt glaube, bewusst sein. Ich glaube beispielsweise, dass eine Münze in meiner Tasche ist, ich leere sie und finde nichts – und bin dann überrascht. Ich muss also eine Überzeugung gehabt haben und dann meine Meinung ändern können. Diese Art des Bewusstseins bei einer Überraschung sei ein Beispiel für die »Überzeugung von einer Überzeugung«, weshalb für Davidson Überraschung »eine notwendige und hinreichende Bedingung für Denken im Allgemeinen« ist. Gehen wir mit Davidson tiefer auf den Begriff der Überzeugung ein. »Den Begriff von Überzeugung zu haben heißt demnach, den Begriff von objektiver Wahrheit zu haben.« (Q7: 129) Man muss zwischen wahr und falsch unterscheiden können, um von etwas überzeugt zu sein. Anders gesagt: Eine Behauptung muss wahrheitsdifferent sein. Insofern muss man Davidson zufolge zur sprachlichen Kommunikation fähig sein, um einen gemeinsamen Wahrheitsbegriff zu besitzen und so die gleichen Propositionen eines anderen verstehen zu können. Hier wird also eine »intersubjektive Welt« eingefordert, um überhaupt sinnvoll von Wahrheit zu sprechen. Der Begriff von intersubjektiver Wahrheit genüge »als Grundlage für Überzeugungen und damit auch für Gedanken im Allgemeinen« (Q7: 130). An dieser Stelle hat Davidson endgültig ein Denken des Hundes verabschiedet und sich seiner selbst als »rationales Lebewesen« versichert, das mit anderen Lebewesen in einer Art von Sinngemeinschaft existiert: »Allein die Tatsache, dass sie einen Wahrheitsbegriff teilen, verleiht der Behauptung, dass sie Überzeugungen haben, dass sie fähig sind, den Gegenständen in der öffentlichen Welt einen Platz zuzuweisen, einen Sinn.« (Q7: 131) Nach Davidson ist Rationalität ein soziales Merkmal, über das nur Kommunikationspartner verfügen.

Der Disput zwischen Davidson und Searle über alltägliches Hundeverhalten hat Einblicke in allgemeine epistemologische Probleme gegeben und gezeigt, in welche Fallen eine philosophische Erörterung von Sprache, Denken und Bewusstsein bei Tieren führen kann. Hier ging es vor allem darum, ob und welche *Begriffe* Tiere haben können. Noch schwieriger wird es, wenn die Frage gestellt wird, ob Tiere schließen können. Im Detail muss dann eine von erfahrbaren Alltagssituationen im Tierleben ausgehende empirische Prüfung und analytische Reflexion erfolgen, wie sie in der Antike schon am Beispiel von Chrysipps Hund diskutiert wurde. Hintergrund der Debatte war wiederum die Mensch-Tier-Differenz, die nach den Stoikern gerade darin besteht, dass das Tier wesentlich durch arteigene Instinkte und der Mensch durch die nur ihm arteigene Vernunft charakterisiert wird. Den stoischen »Dogmatiker« Chrysipp möchte der Skeptiker Sextus Empirikus mit den eigenen Waffen schlagen und erzählt daher die Geschichte von Chrysipps Hund.

Chrysipp behaupte, »der Hund wende das fünfte mehrgliedrige Argument an, wenn er an einen Dreierweg komme und nach dem Spüren auf zwei Wegen, die das Wild nicht entlang gelaufen sei, sofort den dritten entlang stürme, ohne hier überhaupt gespürt zu haben«. Demnach vermag der Hund einen logischen Schluss folgender Art zu vollziehen: »Das Wild ist entweder hier oder hier oder hier entlang gelaufen. Weder aber hier noch hier. Also hier. Moderner formuliert: »Entweder A oder B oder C ist der Fall, nun ist aber weder A noch B der Fall; also ist C der Fall.« (Schütt in Q8: 28–32). Das Entscheidende in diesem Argument ist, dass dem Hund unterstellt wird, er folge dem Weg C, *ohne* zuvor zu schnüffeln. Wie wäre das Problem des »vernünftigen Schließens« philosophisch anzugehen? Zunächst ist zu prüfen, ob das Verhalten des Hundes antrainiert sein könnte. »Aber es gibt keinen Anlass zu bestreiten, dass eine intentionale Version dieses Verhaltens bei einem nicht-sprachlichen Wesen kohärent denkbar ist.« (Glock in Q7: 181). Die beste Erklärung wäre dann, dass sich das Subjekt auf einen disjunktiven Schluss stützt, und zwar ohne vorherige Konsultation eines Schlussprinzips. Nach Gilbert Ryle (1949) beruht intelligentes Verhalten selbst bei Menschen selten auf expliziten Prozeduren. So weit könne man Sextus Empirikus entgegenkommen. Doch bleibe ein Problem: Was entspricht dem »also« im tierischen sprachlosen Schließen, um einen solchen impliziten Schluss auszudrücken? »Auf diese Frage gibt es für Hunde keine Antwort.« (Glock in Q7: 181) Menschenaffen hingegen wird ein schwaches Analogon zum »also« zugestanden.

Menschenaffen im Diskurs

Im letzten Drittel des 20. Jahrhunderts wurden nicht mehr intelligente Pferde oder denkende Hunde, sondern sprechende Affen zu einer philosophischen Herausforderung. Bis dahin war Sprache bei Tieren äußerst skeptisch beurteilt worden, doch jetzt zogen Schimpansen große Aufmerksamkeit auf sich, die zwar nicht vokal, aber vermittels einer für Taubstumme erfundenen Zeichensprache und einer Symbolsprache kommunizierten. Einzelne Menschenaffen erlangten Berühmtheit, so die Schimpansin Washoe, die Gorilladame Koko oder der Bonobo Kanzi. Diese Menschenaffen zeigten ungewöhnliche kommunikative Interaktionen und Intelligenzleistungen in IQ-Tests, die denen »normaler Menschen« nahekamen. *Wie Affen die Welt sehen* (Cheney/Seyfarth 1994) wurde zu einem bedeutenden Thema in der Primatologie.

In der ersten Phase traten insbesondere Linguisten und Sprachphilosophen als Kritiker der »Affensprache« auf, wie die prominenten Linguisten Jean Umiker-Sebeok und Thomas Sebeok, die 1980 drei Arten von Kritikpunkten unterschieden: 1. ungenaue Verhaltensbeobachtungen, 2. Überinterpretationen und 3. »die unbeabsichtigte Veränderung des Verhaltens eines Tiers in Richtung der erwünschten Resultate«, wohinter sich der Kluge-Hans-Effekt verbirgt. Viele Primatologen nahmen die Kritik zur Kenntnis, änderten und verschärften die Versuchskonstellationen und setzten beispielsweise zur weitgehenden Ausschaltung des »Klugen-Hans-Effekts« Computer ein, über die dann mittels Symbolerkennung mit Menschenaffen kommuniziert wurde. Insbesondere die Untersuchungen von Sue Savage-Rumbaugh mit dem Zwergschimpansen Kanzi galten als methodisch korrekt: »Kontrollen verschiedener Art, ›Doppelblind‹-Experimente, sorgfältige statistische Datenanalysen und unzweideutige Computeraufnahmen von Daten« (Dupré in Q7: 307) wurden anerkannt und damit zu einem Indiz für intentionale Kommunikation bei Menschenaffen. Dennoch fokussierte sich die Kritik immer wieder auf ungewollte Hinweise und Manipulationen durch die Experimentatoren.

Die Tiere jedenfalls zeigten eine gewisse Renitenz. Die Schimpansen wollten beim Experiment nicht ruhig sitzen.

Die Gorilladame Koko verweigerte manchmal offensichtlich bewusst die Kooperation bei Tests. Von der Schimpansin Lana wird berichtet, dass sie in kommunikativer Isolation in ihren Computer eintippte: »Bitte Maschine kraulen Lana Punkt« (Breuer 1981, 133). Das Untersuchungsobjekt entpuppte sich in solchen Situationen als widerspenstiges oder leidendes Subjekt, was die englische Philosophin Mary Midgley so kommentierte: »Wir wollen herausfinden, bis zu welchem Grad sie wie Menschen reagieren können, aber zugleich benutzen wir sie als Objekte für ein Experiment und behandeln sie, wie man Menschen auf keinen Fall behandeln dürfte.« (Zit. n. Breuer 1981, 133). Das Objektivitätsideal erfordert nicht nur besondere experimentelle Operationalisierungen und eine Sparsamkeit in der theoretischen Erklärung des tierischen Verhaltens, sondern zudem in gewissem Umfang die Ausblendung tierethischer Dimensionen. Der »Kluge Hans« ist in der Debatte allgegenwärtig. Ironischerweise ist es gerade dieses Phänomen geringfügigster ungewollter Beeinflussungen seitens der Experimentatoren, das auf eine neue Art »zoosemiotischer Kommunikation« (Sebeok) in beiden Richtungen zwischen Mensch und Tier hinweist, was von sprachfixierten Philosophen jedoch kaum thematisiert wird. Die gesamte Aufmerksamkeit ist auf Normen, Kontrollen, Reproduzierbarkeit und die Ausschaltung von Experimentatormanipulationen der Ergebnisse gerichtet. Wenn außerhalb dieser regulären Experimentalreihe Gorilladame Koko mit ihren Puppen schwatzt und damit aufhört, sobald sie sichtbar beobachtet wird, wird dies als unwissenschaftliche »Anekdote« verzeichnet. Diese Schlaglichter auf die komplexe Situation einer Kommunikation zwischen zwei Subjekten offenbaren auf Seiten der Wissenschaft ein methodisches Dilemma: »Einerseits gilt: Je genauer das Tierverhalten kontrolliert wird und je besser es voraussagbar ist, desto schwieriger wird es, den Vorwurf der Manipulation – bewusst oder unbewusst – zurückzuweisen. Andererseits gilt: Je mehr Freiheit dem Tier gegeben wird und je spontaner und unkontrollierter seine Äußerungen sind, desto mehr sinken die Berichte über sein Verhalten in die wissenschaftlichen Niederungen des ›Anekdotischen‹ ab.« (Dupré in Q7: 313)

Trotz der methodischen Dilemmata und Probleme wurde partiell akzeptiert, dass Menschenaffen wie Washoe oder Kanzi nicht nur repräsentierende, sondern auch diskursive Symbole in ihrer »Sprache« zu verwenden wussten. Auch wurde zugestanden, dass durch Verwendung von Schriftzeichen manche Affen das Niveau der normalen Alltagssprache und damit quasi das Niveau der Verwendung empirischer Begriffe erreichten. Von dieser konkret operationalen Verwendung kann aber eine formal operationale Verwendung unterschieden werden, bei der reine Begriffe als »Gründe« eingesetzt werden. Erst dann befindet man sich in einem argumentativen – theoretischen, praktischen oder ästhetischen – Diskurs, der sich völlig vom Kontext ablösen kann und zu dem selbst Menschenaffen nicht fähig zu sein scheinen. Hier scheint eine Grenze erreicht, die mit der klassischen philosophischen Anthropologie eine deutliche Differenz zwischen Mensch und diesem menschenähnlichsten Tier betont. (Thies 2004, 103)

Abschließend sollen nochmals die epistemologischen Schwierigkeiten in Bezug auf »Sprache«, »Selbstbewusstsein« und eine »Theorie des Geistes« am einschlägigen Paradigma der Menschenaffen vor Augen geführt werden. Die generelle Kritik wird bereits bei dem Terminus »Sprache« einsetzen. Hunde können bellen und auch Menschenaffen geben häufig Laute von sich. Diese »Geräusche« oder Lautäußerungen könnten zwar als »Signalsysteme« fungieren, genügten damit aber noch nicht Kriterien einer menschlichen Sprache, die als natürliche Sprache mit Worten und Axiomen eine Wortmenge erzeuge. Solche natürlichen Sprachen sind 1. kompositional, 2. produktiv, 3. diskret, 4. semantisch. (Bremer in Herrmann et al. 2005, 302) Betrachten wir einige dieser Eigenschaften im Hinblick auf die Menschenaffen beigebrachten Signale, wobei Signalgeber und Hörer eine Bedeutung miteinander teilen müssen. Auffällig ist, dass selbst bei einer erlernten Zeichensprache sich fünfundneunzig Prozent der Äußerungen als Imperative verstehen lassen, als Zeichen mit Aufforderungen der Art: Klettert auf die Bäume! Fünf Prozent beziehen sich auf Behauptungen über Bezugsobjekte. Schimpansen können mentale Repräsentationen übersetzen, abstrakte Ideen (etwa Farbigkeit) übertragen, manchmal auch die abstrakte Relation zwischen einem willkürlichen Zeichen und einem Gegenstand verstehen. (Q7: 303) Zwar gibt es einen umfangreichen Zeichengebrauch bei trainierten Primaten, aber die Belege für eine Produktivität und Kompositionalität, das heißt für die Erfindung und Neukombination von Zeichen, werden skeptisch beurteilt. Eine »Wortreihenfolge unterscheiden zu können, heißt noch nicht, über eine Syntax zu verfügen. Primaten können keine neuen syntaktischen Strukturen erzeugen; ihre neuen Äußerungen bilden sie durch lexikalische Einsetzung in bekannte Strukturen.« (Q7: 304) Daher wäre es verfehlt, von einer »Tiersprache« zu sprechen, wenngleich den Affen komplexe Muster des Zeichengebrauchs und Kommunikationsabfolgen zugeschrieben werden. »Was den Primaten mutmaßlich fehlt, ist eine Theorie intentionaler Systeme, die es ihnen erlauben würde, sich selbst und ihre Artgenossen als intentional agierend zu verstehen.« (Q7: 304)

Dieser Punkt erlaubt die Diskussion eines alten anthropologischen Kriteriums: Selbstbewusstsein. Affen beziehungsweise Menschenaffen erscheinen häufig als Kandidaten für diese privilegierte Form des Bewusstseins, weshalb Selbstbewusstsein »als Maß für die Zuschreibung« immer wieder von Primatologen und Philosophen thematisiert wird. (Cheney/Seyfarth 1994, 319–326) Das Problem beginnt bereits bei der Terminologie. Manchmal werden »Bewusstsein« und »Selbstbewusstsein« synonym verwendet, manchmal wird »Bewusstsein« von »Selbsterkenntnis« als Fähigkeit, lediglich zwischen sich und anderem unterscheiden zu können, ohne sich dessen auch bewusst sein zu müssen, schärfer unterschieden. »Bewusstsein« wäre dann als eine Art von Meta-Selbstbewusstsein zu verstehen, was die individuelle Klarheit über den Zustand und die Nutzbarkeit dieses Bewusstseins zwecks Erklärung und Prognose von Verhaltensweisen einschließt. (Q7: 319) Vor dem Hintergrund solch spitzfindiger Unterscheidungen ergeben sich Anzeichen für Selbsterkenntnis bei Affen und Menschenaffen, zum Beispiel in der Verwendung des eigenen Namens wie im Fall von Koko oder dem Bonobo Kanzi. In den Sprachprojekten wurde meist vorausgesetzt, dass Menschenaffen über Selbsterkenntnis verfügten. Klassisch sind die Spiegelexperimente, in denen das Versuchstier im Spiegel einen Farbklecks auf seiner Stirn als zu ihm selbst zugehörig erkennt. Schließlich kann auch Schauspielerei als ein Indiz für Selbsterkenntnis gelten, da Fiktion und Wirklichkeit unterschieden werden müssen, um zu wissen, dass man eine Rolle spielt. Einige Anekdoten von Schimpansen, Bonobos und Gorillas deuten darauf hin. (Q7: 324)

Aber selbst die Verwendung von Personalpronomen (»ich«) in der Zeichensprache und auch die Spiegelexperimente sind umstritten, und immer noch wird gefragt: »Welches Verhalten könnte überhaupt die Basis der Attribuierung von Selbstbewusstsein sein?« (Bremer in Herrmann et al. 2005, 305) Wer sich selbst versteht, mag Ressourcen haben, um andere zu verstehen. Doch könnte auch das Nachdenken über andere dem Selbstbewusstsein vorangehen. Primatenforscher glauben nachweisen zu können, dass Schimpansen Intentionen anderer Schimpansen erkennen. Der Anthropologe Michael Tomasello hält dagegen, dass allen Tieren eine »Theorie des Geistes« fehle, die Artgenossen als intentionale Systeme erkennen ließe. Gerade dies sei ein Merkmal menschlicher Kultur und mache den evolutionären Unterschied aus. (Tomasello 2006) Nichtmenschliche Primaten wären dann nur »quasi-intentionale Wesen«, die zwar Meinungen und Wünsche haben, sich selbst aber nicht als sich dessen bewusst seiende Wesen verstehen. Dann verstünden sie nicht Strategien ihrer Artgenossen, sondern reagierten nur auf Schlüsselreize, und nur Menschen verfügten über die Fähigkeit, die Perspektive anderer Artgenossen einnehmen zu können. Mit diesen teils schon wieder relativierten Thesen Tomasellos wird weiterhin eine »Theorie des Geistes« bei Primaten kritisiert. (Bremer in Herrmann et al. 2005, 306) Die komplexe wissenschaftliche Diskussion wird fortlaufend neu »angefeuert«, etwa durch die Entdeckung sogenannter Spiegelneuronen bei Affen, das heißt neuronaler Mechanismen, die aktiv sind, wenn die Handlung eines anderen beobachtet wird, aber eben auch, wenn diese Handlung selbst vollzogen wird (Herrmann et al. 2005, 279), was bei der Imitation, beim Verständnis und der Abgrenzung fremder von eigenen Aktionen eine wichtige Rolle spielt. Neue Befunde werden immer wieder zur Prüfung der These herausfordern: »Ein Tier, das weiß, was es weiß, hat notwendigerweise eine Theorie des Geistes«, weshalb Primatologen und Philosophen sich diesem Problem interdisziplinär zuwenden müssen. (Cheney/Seyfarth 1994, 327; Bremer in Herrmann et al. 2005, 305 f.; Dupré in Q7: 295–322)

Die problematische Leitfrage in diesen weitläufigen Erörterungen und Untersuchungen – das primäre Erkenntnisinteresse – wird immer sein: Wer ist so wie wir? Und damit werden die Gefahren von Anthropozentrismus und Anthropomorphismus immer in der Luft liegen. Die anderen teils kontingenten, teils methodischen Probleme der kognitiven Ethologie – ihre empirische Vorliebe für Tierstudien in freier Wildbahn einerseits und die Vorliebe für ein mentalistisches, zum Beispiel intentionales Vokabular – erscheinen demgegenüber nachrangig. An Letzterem mag sich die analytische Philosophie des Geistes gern reiben. (Q7: 54 ff.) Natürlich wird dahinter immer die Frage stehen, ob *unsere* Begriffe für die Erklärung des Tierverhaltens relevant sind. Solange aber Menschen forschen, werden es die *Begriffe von Menschen* sein, die diese Forschung ermöglichen, oder gar keine. Und solange der Mensch auch Emotionen hat, wird es Introspektion, Einfühlung oder Sympathie in Analogie zum eigenen Erleben geben. Wenn ein Mensch sich nicht nur sentimental und narzisstisch »anthropopathisch« ins Tierbewusstsein einfühlen will, sondern sich mit dem Tier auch eins(!)fühlen will, wie Max Scheler es einst im Kontext der »Naturliebe« ausführte (Scheler 1923, 124 u. 189), dann bedarf es doch mehr als nur einiger geklärter Begriffe und Analogien. Dann wäre wiederum auf eine komplexe philosophische Anthropologie und Naturphilosophie Bezug zu nehmen, die ein philosophisches Wissen um eine Naturordnung, in die Mensch und Tier eingebettet sind, einschließt.

Was soll ich in Ansehung des Tieres tun?

Wie ist die Frage entstanden?

Tierethik ist ein recht junger Bereich im Kanon abendländischer Moralphilosophie. Noch vor zwanzig Jahren waren philosophische Seminare zur Tierethik an Universitäten nicht selbstverständlich. Dass seit den 1990er-Jahren allgemeine philosophische Lexika und ethische Handbücher auch der Tierethik Artikel widmen, zeigt an, dass die Tierethik als philosophische Disziplin mittlerweile etabliert ist. Tierethik ist ein integraler Bestandteil, ein Querschnittsthema, in biomedizinischen und naturschutz- sowie umweltethischen Themenfeldern. Wie ist es dazu gekommen, »das Tier« zu einem akademisch akzeptierten Gegenstand insbesondere der philosophischen Ethik zu machen?

Voraussetzung für die ethische Frage nach dem Tier ist eine grundsätzliche Verunsicherung im traditionellen alltäglichen Umgang mit Tieren. Schon in der Antike wurde vereinzelt die Frage nach dem richtigen Umgang mit Tieren aufgeworfen. Virulent wurde diese Frage aber erst aufgrund des Plausibilitätsverlusts der antiken Seelenstufenordnung. Solange die schon zu Zeiten des Aristoteles geltende Überzeugung, dass in der unveränderlichen Ordnung der Natur die Pflanzen für die Tiere und die Pflanzen und Tiere für den Menschen da sind, nicht bezweifelt wurde, bestand kein Grund für die Infragestellung der radikalen Tiernutzung. Solange außerdem die Ewigkeit des Kosmos auch die Ewigkeit der Tier- und Pflanzenarten garantierte, gab es auch keinen Anlass, sich um deren Erhaltung zu sorgen. Ihr Aussterben beziehungsweise ihre Ausrottung waren bis ins 18. Jahrhundert hinein aus metaphysischen Gründen undenkbar. Insofern fehlte auch ein naturschutzethischer Impuls für ein Nachdenken über den Umgang mit Tieren und Pflanzen.

Um Gedanken dieser Art in Gang zu setzen, bedurfte es der Erschütterung der in Antike und Mittelalter leitenden Vorstellung von einem hierarchischen und stabilen Kosmos und seiner Transformierung in eine dynamische Werdegestalt, in der dann auch der Mensch seine metaphysische und ethische Position neu zu bestimmen hatte. Mit den wachsenden Zweifeln an diesem Weltbild verlor auch die Spitzenstellung des Menschen in der sichtbaren Naturordnung an Evidenz. Die anthropozentrische Überzeugung, dass alles in der Welt nur zum Wohle des Menschen da war, wurde fraglich. Es entstand Raum für »neue Sensibilitäten« (Thomas 1983). Die Konzentration auf Leiden und Wohlergehen führte - zusammen mit Impulsen aus dem epistemischen Sensualismus - zu einem empirisch fundierten Näherrücken von Menschen und Tieren. So entstanden im 18. Jahrhundert, dem Jahrhundert der Menschenrechtsidee, die literarisch massiv sich verbreitende Idee von natürlichen Tierrechten und das praktische Konzept des Tierschutzes, das im 19. Jahrhundert Tierschutzvereine und eine breite Tierschutzbewegung hervorbrachte.

Einige Jahre nach dem Zweiten Weltkrieg wurden in den USA die negativen Auswirkungen der überaus erfolgreichen wissenschaftlich-technischen Entwicklung auf die nun als fragil empfundene Natur deutlich. Ein durch Agrargifte verursachtes massives Artensterben, ein hoch technisierter Umgang mit Tieren in der Landwirtschaft und in den Schlachthöfen sowie ein exzessiver Tierverbrauch in oft grausamen Tierversuchen stellen seither die Selbstverständlichkeit jeglicher Nutzung von Tieren durch Menschen radikal infrage. Die Studien der Biologin Rachel Carson (*Silent Spring*, 1962, dt.: *Der stumme Frühling*, 1963) sowie der Quäkerin und Publizistin Ruth Harrison (*Animal Machines. The New Factory Farming Industry*, 1964; dt.: *Tiermaschinen. Die neuen landwirtschaftlichen Fabrikbetriebe*, 1965) schreckten eine breite Öffentlichkeit auf. Vor diesem Hintergrund entstanden Anfang der 70er-Jahre die ersten tierethischen Publikationen, die sich zunächst an Jeremy Benthams emanzipatorische Rhetorik der Befreiungsbewegungen im Rahmen eines pathozentrischen Utilitarismus und bald auch an die alte Tierrechtsidee anlehnten. Einige der späteren Protagonisten der neuen Tierrechtsphilosophie waren mitinspiriert durch die US-amerikanische Civil-Rights-Bewegung der 1960er-Jahre.

Die Initialzündung ging von einer gut platzierten Besprechung des australischen Ethikers Peter Singer (geb. 1946) aus. Unter dem für seine gesamte spätere Philosophie programmatischen Titel »All Animals are Equal« besprach Singer den Sammelband *Animals, Men and Morals* (1972) für die einflussreiche Zeitung *The New York Review of Books* (5. April 1973). Herausgeber des Bandes waren das streng vegetarisch lebende kanadische Philosophenpaar Stanley und Roslind Godlovitch sowie der junge britische Philosoph John Harris, die in Oxford zusammen studiert hatten, unter anderem bei Richard Hare. Das Buch wurde als erste seriöse philosophische Behandlung der neuen Tierrechtsbewegung charakterisiert. (Nash 1989, 142) Die Herausgeber hatten Ruth Harrison dafür gewinnen können, einen Artikel über »Factory Farming« beizusteuern - ein Ausdruck, den sie anlässlich ihres Buches neu geprägt hatte. Außerdem erläuterte der damals in Oxford tätige Psychologe Richard Ryder erstmals seinen bisher nur auf Flugblättern verbreiteten Kampfbegriff »Speziesismus« (der sich gegen eine Sonderstellung des Menschen nur aufgrund seiner Zugehörigkeit zur Spezies Mensch richtet) in einem Beitrag über Labortierversuche. Singer, der sich von 1970 bis 1973 ebenfalls als Lecturer in Oxford aufhielt und die Godlovitchs sowie Ryder dort kennengelernt hatte, ließ sich von deren Anliegen und Gedanken inspirieren. Mit seiner Rezension legte Singer die substanzielle Basis für sein Buch *Animal Liberation* (1975; dt.: *Befreiung der Tiere,* 1982), die in zweiundzwanzig Sprachen übersetzte »Bibel der neuen Tierrechtsbewegung«, sowie für seine äußerst einflussreiche, in siebzehn Sprachen übersetzte Schrift *Practical Ethics* (1979; dt.: *Praktische Ethik,*

1984). Es waren also vor allem junge englischsprachige Philosophen, die der Zufall in Oxford zusammengeführt hatte und die sich des Themas mit akademischem Ernst annahmen, um die Tierethik binnen weniger Jahrzehnte zu einer philosophischen Disziplin zu machen. Als der führende theoretische Kopf goss Peter Singer die gemeinsamen tierschutzethischen Anliegen in das theoretische Gerüst des Utilitarismus und stellte so die Weichen für eine utilitaristisch dominierte Tierethik.

Sind alle Tiere gleich? – »Moralischer Status«, Interessen, Gleichheit

Die sich rasch entwickelnde Tierrechtsdebatte fiel zeitlich zusammen mit einer in den USA heftig geführten Debatte über die Legitimität des Schwangerschaftsabbruchs und andere biomedizinische Konflikte, die im Rahmen einer sich institutionalisierenden Bioethik verhandelt wurden. Oft stand die Legitimität der Tötung von Menschen in medizinischen Grenzsituationen im Zentrum der Diskussion. 1972 erschien Michael Tooleys einflussreicher Aufsatz »Abortion and Infanticide«, dessen Grundgedanken auch in Peter Singers *Praktischer Ethik* ausführlich diskutiert wurden. Er warf die Frage auf, warum die Legitimität der Tötung von menschlichen Embryonen und komatösen Menschen von philosophischen und theologischen Ethikern heftig bestritten wurde, während dieselben Ethiker an der oft grausamen Tötung empfindungsfähiger hoch entwickelter Tiere keinen Anstoß nahmen. So wurden tierethische Betrachtungen rasch zu einem Querschnittsthema in biomedizinischen Ethikfeldern, insbesondere in solchen, die sogenannte »menschliche Grenzfälle« behandelten. Folgerichtig besteht für Jean-Claude Wolf das Revolutionäre der Tierethik darin, dass es »*aus den gleichen Gründen* unmoralisch ist, Menschen und Tiere grausam zu behandeln *und zu töten*. [...] die drastische

These, das eigentliche Rückenmark der Tierethik, bezieht sich auf die Gründe für das Tötungsverbot. Daraus geht hervor, dass die Tierethik kein Anhängsel, kein Nebenzweig der Ethik, sondern *eine zentrale Weichenstelle für die Art der Begründung in der Ethik überhaupt* ist.« (1992, 19)

Schon Roslind Godlovitch hatte beklagt, dass Tiere weder von Philosophen noch von der Mehrheit der Bevölkerung als gleichberechtigte Mitglieder einer Gerechtigkeitsgemeinschaft akzeptiert würden. Rawls' gerade erschienene *Theory of Justice* (1971) wurde lebhaft diskutiert, in der Tieren explizit kein Platz eingeräumt wurde. Während Godlovitch daher im starken Sinn moralische Rechte für Tiere fordert, tritt Singer für die gleiche Berücksichtigung der Interessen aller empfindungsfähigen Lebewesen im Rahmen eines pathozentrischen Utilitarismus (zielt auf die Vermeidung von Leiden) im Gefolge Benthams ein. Gemeinsam ist beiden die Forderung, dass Tiere als moralisch gleiche Mitglieder in die »moralische Gemeinschaft« aufgenommen werden sollen und auf diese Weise einen sogenannten »moralischen Status« erhalten. Wohlweislich unterscheidet Singer zwischen faktischer Gleichheit und Gleichheit als »moralischer Idee«. (Singer 1982, 24) Darüber hinaus unterscheidet er zwischen gleicher Behandlung und gleicher Berücksichtigung. (Singer 1982, 21; 1994, 42) Wann nämlich tatsächlich gleiche (!) Interessen vorliegen, die nach Maßgabe der unparteilichen Bewertung eine gleiche Behandlung erfordern, ist ein in der Praxis nicht leicht zu lösendes Problem. »Interesse ist Interesse, wessen es auch immer sein mag« (Singer 1994, 39), lautet der verführerisch einfach klingende Grundsatz gleicher Interessenberücksichtigung, der erst einmal nur eine formale Handlungsregel ist, die für sich noch nicht viel hergibt. Erstens müsste begründet werden, warum faktische Interessen moralisch berücksichtigt werden sollen. Zweitens wäre zu erörtern, ob es sich überhaupt um moralisch akzeptable Interessen handelt oder um moralisch verwerfliche und welche Interessen im Konfliktfall gegenüber anderen aus welchen Gründen vorzugswürdig sind. Drittens ist durch die Handlungsregel das *Wie* der Berücksichtigung, mithin die konkrete Einzelhandlung, noch nicht festgelegt. Damit bei der konkreten Fallbeurteilung die diffizile qualitative Bewertung der infrage stehenden Interessen vorgenommen werden kann, muss man am Ende doch auch wieder auf faktische Gleichheiten und Ungleichheiten der Interessenträger rekurrieren.

Bei der Einschätzung von Leiden etwa kann es relevant sein, ob es sich bei dem Interessenträger um einen krebskranken Menschen oder eine Maus handelt, wie Singer selbst einräumt. Die Ausdehnung der gleichen Interessenabwägung auf nichtmenschliche Wesen befreit nämlich nicht davon, dass »wir bei Vergleichen zwischen den Interessen von Angehörigen verschiedener Gattungen Sorgfalt walten lassen müssen. In manchen Situationen wird ein Individuum der einen Spezies mehr leiden als ein Individuum einer anderen.« (Singer 1994, 86) Jetzt stellen sich auch die epistemologischen Fragen, nämlich ob ein tierisches Interesse überhaupt erkannt werden kann, ob es objektive Interessen gibt, die aus der dritten Person beschreibbar sind, oder ob eine anthropomorphe analoge Beschreibung aus der Ersten-Person-Perspektive unhintergehbar ist, um tierliche Interessen in ihrem Erlebnisgehalt qualifizieren zu können, oder gar, ob Tieren überhaupt Interessen und damit moralische Ansprüche zugeschrieben werden können. Damit hören die Probleme des Interessenbegriffs noch nicht auf, denn ungeklärt ist, was ein Interesse überhaupt ist, wovon wiederum abhängt, welchen Entitäten Interessen zugeschrieben werden können – Fragen, die die moderne Tierethik zunehmend beschäftigen.

Aber auch andere als interessenethische Bemühungen um die gleiche Berücksichtigung von Tieren führen zu der Einsicht, dass die erweiterte »moralische Gemeinschaft der Gleichen« letztlich doch wieder aus sehr verschiedenartigen Mitgliedern besteht. Aufschlussreich ist, dass in der bis jetzt gründlichsten Studie über das Konzept des *Moral Status*

(1997) von Mary Ann Warren die alte Seinsstufenordnung »Leben - Empfinden - Vernunft« in der Ordnung der »Prinzipien des moralischen Status« (»respect for life principle - anti-cruelty principle - agents' rights / human rights principle«) wiederkehrt. (L8: 446) Warren wendet sich gegen die unikriterielle Definition eines »moralischen Status« und die davon oft abgeleitete egalitaristische Forderung der Gleichbehandlung von Entitäten mit moralischem Status. Ferner definiert sie den Besitz eines moralischen Status weder auf der Basis einer Moral-rights-Ethik noch auf der einer utilitaristisch fundierten Interessenethik, sondern deontologisch als die Bezeichnung eines Wesens, gegenüber dem moralische Akteure moralische Verpflichtungen haben oder haben können. (L8: 439)

Protagonisten der Tierethik kommen in der Regel nicht umhin, trotz eines egalitären Anfangsimpulses eine grundsätzliche Verschiedenartigkeit innerhalb der »moral community« zu konzedieren. Schließlich wird die moralische Gemeinschaft der gleichermaßen zu berücksichtigenden Wesen wieder in zwei ungleiche Teile dividiert. Die größere Gruppe wird von den Mitgliedern gebildet, die keine moralischen Akteure (»moral agents«) sind, sondern moralisch zu berücksichtigende Gegenstände (»moral patients«), das sind Tiere und manche Menschen. Der andere Teil besteht aus Menschen, die zwar immer auch »moral patients« sind, aber zudem über die Fähigkeit verfügen, »moral agents« zu sein. Letztere bildet die moralische Gemeinschaft »im engeren Sinn«, beide Gruppen zusammen dann diejenige »im weiteren Sinn« (Ach 1999, 249).

Die moralphilosophisch interessanten Fragen, die hinter der komplexen Problematik der Gleichheitsforderung stehen, liegen darin zu analysieren, mit welchen Argumenten Tiere aus welcher Art von moralischer Gemeinschaft ausgeschlossen wurden und welche Argumente es ermöglichen, Tiere mit ihren Bedürfnissen moralisch zu berücksichtigen, und wie eine solche Tiere einschließende moralische Gemeinschaft dann aussehen würde. Diese Fragen werden im Folgenden anhand von Grundpositionen normativer Ethiktypen verfolgt, wobei exemplarische Vertreter und ihre paradigmatischen Gründe für den Ausschluss oder Einschluss der Tiere in die Gemeinschaft der Entitäten moralischer Berücksichtigung vorgestellt werden. Drei prägende Elemente fügten sich schon in den Anfängen der abendländischen Ethiktradition zu einer exklusiven Menschenmoral: 1. ein reziproker Rechtsbegriff, 2. eine exklusive Vernunftausstattung und 3. eine hierarchisch-teleologische Kosmologie.

Kulturgut Recht: Kein Vertrag mit Tieren

Eine prinzipielle Ausgrenzung der Tiere aus der Rechtsgemeinschaft mit den Menschen wird erstmals in Hesiods *Werken und Tagen* (276–280, zit. n. Dierauer 1977, 15 f.) greifbar: »Dies ist nämlich die Ordnung, die Zeus den Menschen gegeben: / Fische und wildes Getier und auch geflügelte Vögel, sie sollen / Eines das andre verzehrn; denn es gibt kein Recht unter ihnen; / Aber den Menschen verlieh er das Recht, das weitaus als Bestes sich erweist.«

Das »zivilisatorische Privileg« des Ackerbaus befreit die Menschen von der Notwendigkeit, einander wie Tiere aufzufressen, und ermöglicht ihnen so das »ethische Privileg« eines Lebens in der Rechtsgemeinschaft. (Dierauer 1977, 16; vgl. Frenzel in Niewöhner/Seban 2001, 64 f.)

Die von den Sophisten aufgeworfene Frage, ob Gerechtigkeit sich einer göttlich-kosmischen Ordnung (*physis*), menschlicher Tradition (*nómos*) oder willkürlicher Setzung (*thésis*) verdankt, beantwortet später der Vertragstheoretiker Epikur (341 - 270 v. Chr.) zugunsten der Setzung. Gerecht sei, was allgemein als nützlich erachtet werde, nämlich die wechselseitige Übereinkunft in einer Gemeinschaft, einander nicht zu schädigen, da das Gegenteil das Lustempfinden doch sehr beeinträchtigen würde. Weil Tiere nicht fähig sind, Verträge

zu schließen, bleiben sie aus der Rechtsgemeinschaft ausgeschlossen. Epikurs zentraler Grundsatz lautet: »Für all jene Lebewesen, die keine Verträge abschließen konnten zur Verhütung gegenseitiger Schädigung, gibt es kein Recht (Gerechtes) oder Unrecht (Ungerechtes).« (W8: X 150, XXXII)
Auch die Vertragsrechtstheoretiker der Neuzeit konstituieren eine exklusiv menschliche Rechtsgemeinschaft. Thomas Hobbes (1588–1679) beansprucht für die Menschen schon im hypothetischen vertragsrechtsfreien Naturzustand des Krieges aller gegen alle, das heißt vor der Offenbarung des positiven göttlichen Rechts, das Eigentumsrecht an Tieren, das ihre Unterjochung und Tötung einschließt. »Wenn es also nach dem natürlichen Recht geschieht, daß ein Tier einen Menschen töten kann, so geschieht es nach demselben Rechte, daß der Mensch die Tiere schlachten darf.« (W11: Vom Bürger, Kap. 8, Nr. 10) Dieser Naturzustand charakterisiert das Verhältnis zwischen Mensch und Tier unaufhebbar, während menschliche Individuen ihren Kriegszustand untereinander per Vertragsschluss beenden und in den bürgerlichen Zustand übergehen können. Interessant ist, dass Hobbes mit dem Rückgriff auf den Naturzustand nicht nur ein faktisch rechtsfreies Gewaltverhältnis zwischen Menschen und Tieren beschreibt, sondern dieses auch naturrechtlich legitimiert.
David Hume (1711–1776) schließt sich dieser Auffassung grundsätzlich an. Denn auch nach Hume wird die Gerechtigkeitsgemeinschaft durch Vertrag begründet, zu dem die nur durch Kooperation zu befriedigenden Begehrlichkeiten die menschlichen Individuen treiben. Doch im Gegensatz zum hobbesschen Naturzustand wird der humesche durch die zwar nicht einklagbare, aber alle empfindungsfähigen Geschöpfe natürlicherweise über die Artgrenze hinaustreibende »sympathy« (vgl. W12: Traktat III, Teil II, Abs. 1, 224 u. Traktat II, Teil II, Abs. 12) gemildert: Wie die »große Überlegenheit der zivilisierten Europäer über die barbarischen Indianer« gezeigt habe, könne ein Machtverhältnis zu mög-

licherweise rationalen, aber völlig machtlosen Geschöpfen »nicht Gesellschaft genannt werden, die einen Grad von Gleichheit voraussetzt, sondern wäre durch absolute Macht auf der einen Seite und knechtische Unterwerfung auf der anderen gekennzeichnet. [...] Unser Mitleid und unsere Freundlichkeit sind die einzigen Kontrollen, durch die sie unseren gesetzlosen Willen einschränken. [...] Dies ist offensichtlich das Verhältnis, in dem sich Menschen zu Tieren befinden; und inwieweit letztere Vernunft besitzen, sollen andere entscheiden.« (W13: Abs. 3, Teil 1, 25 f.) Auch bei Hume bleiben die Tiere aus der Gerechtigkeitsgemeinschaft ausgeschlossen, obwohl der Skeptiker und Empirist den Vernunftbesitz und damit die Mensch-Tier-Differenz gradualisiert. Aber Gerechtigkeit gründet bei Hume im Willen zum Machtverzicht, zu dem die individuellen menschlichen Mängelwesen getrieben werden, da sie ihre Bedürfnisse nur kooperativ befriedigen können. Paradoxerweise bleiben Tiere rechtlich außen vor, weil die Natur sie mit einem stabilen Gleichgewicht zwischen Körperkräften und Begehrlichkeiten beschenkt hat: So sind schwache Tiere genügsam und starke Tiere vermögen ihre starken Begehrlichkeiten anders als die Menschen individuell zu befriedigen. (Vgl. W12: Traktat III, Teil 1, Abs. 2, 228 f.) Damit folgt Hume letztlich dem stoischen Vorbild des perfekten Instinkttieres.
Ähnlich wie Hume konzediert auch der moderne Vertragstheoretiker John Rawls (1921–2002), dass es gegenüber Tieren Pflichten des Mitleids und der Menschlichkeit gibt, er sieht sich aber außerstande, sie in seine *Theorie der Gerechtigkeit* (1979, 556) zu integrieren. (Vgl. Sorabji 1993, 165) Auch Ernst Tugendhat (geb. 1930) steht wegen seiner auf Reziprozität beschränkten Vertragstheorie vor dem Problem, keine intersubjektiv verbindliche Antwort auf die »Frage, ob es moralisch erlaubt ist, [gegenüber Tieren] grausam zu sein«, zu finden, ungeachtet »der Suggestivität dieser Frage« (Q5: 105).
Die skizzierten Positionen anthropozentrischer Vertragsrechtsgemeinschaften zeigen, dass die Vernunftfähigkeit

zwar kein hinreichendes, aber offenbar ein notwendiges Kriterium für die Zugehörigkeit zu einer Gerechtigkeitsgemeinschaft darstellt, jedenfalls sofern sie als kulturelle Errungenschaft zum Zweck der Machtkontrolle verstanden wird. Dem Vernunftfähigen stellt sich dann die Frage, wem gegenüber es klug und nützlich sein könnte, die eigene Macht zu beschränken. Gerechtigkeit wird also von dieser Machtfrage abhängig gemacht. Wer in einer solchen Gerechtigkeitsgemeinschaft den von Selbstinteresse geleiteten Mitgliedern auf Dauer keinen Vorteil zu bieten hat, dem bleibt letztlich nichts anderes übrig, als auf Berücksichtigung in der Vertragsmaterie vermittels freiwilliger Vereinbarungen der Vertragswilligen zu hoffen. Da die Ausbeutung von Tieren aber für Menschen vorteilhaft ist, ist schwer einzusehen, warum ihre Schonung Vertragsmaterie bloß selbstinteressierter Vertragspartner sein sollte.

Um eine egoistische Vorteilsnahme der von Natur aus Stärkeren durch Fairnessregeln wenigstens im Hinblick auf Menschen auszugleichen, hat Rawls den »Schleier des Nichtwissens« eingeführt. Dahinter verbirgt sich die Idee, dass die Vertragschließenden bei Aushandlung des Vertrags nicht wissen, in welcher Position sie sich später befinden werden. Folgerichtig wird aus tierethischen Gründen ein noch dichteres Gewebe des Schleiers gefordert, damit auch die Spezieszugehörigkeit unklar bleibt. (Regan 2004, 173; B. A. Singer 1988; kritisch Thero 1995; v. d. Pfordten 1996, 190f.) Doch mit dieser Forderung ist ein vertragsrechtlicher Rahmen bereits entweder in Richtung auf eine implementierte Mitleidsethik (Pritchard/Robison 1981) oder aber in Richtung auf ein Naturrecht überschritten, denn die notwendige Bedingung der Berücksichtigung vitaler Interessen oder Ansprüche nicht kompetenter Vertragspartner liefe auf die Anerkennung nichtvernünftiger Eigenschaften als vorpositiver Grundrechte hinaus. So bleibt als Fazit: Tiere finden in einer rein vertragsethischen Gerechtigkeitskonzeption keine moralische Berücksichtigung.

Antikes Naturrecht: Eine exklusive Moral für Vernunftwesen

In naturrechtlichen Positionen gelten Rechtsverhältnisse als »von Natur aus« gegeben. Die Rechtsordnung verdankt sich nicht menschlicher Setzung; sie ist als vorpositive (lat. *ponere* = setzen) der menschlichen Willkür entzogen. Um diese vorausgesetzte Naturordnung befolgen zu können, muss sie aber zuvor erkannt werden. Insofern rekurrieren Naturrechtsargumentationen auf die epistemische Voraussetzung einer gott- oder naturgegebenen Vernunftausstattung, die zugleich als Abgrenzungskriterium zu den Tieren fungiert, die schon früh als »vernunftlose Lebewesen« bezeichnet wurden.

Aus der offensichtlichen Unfähigkeit der Tiere, die vernünftige Naturordnung zu erkennen und ihr Verhalten daran auszurichten, konnten zwei einander entgegengesetzte Schlussfolgerungen gezogen werden: Entweder man bewunderte ihr vernunftanaloges Verhalten, das durch einen natürlichen Trieb, den die Vorsehung in die vernunftlosen Geschöpfe hineingelegt hatte, gesteuert wurde. Diese Interpretation vorbildlichen animalischen Verhaltens mündet schließlich in die stoische Instinktlehre, die den Tieren aufgrund ihrer Instinktausstattung jeglichen Freiheitsspielraum und jegliches moralische Verdienst abspricht. Oder man mokierte sich über ihr unvernünftiges und beschämendes affekt- und lustgesteuertes Verhalten – dann fungierten Tiere als moralische Negativfolie für den Menschen. Der Intellektualismus prägte die sokratischen Ethiktraditionen, in denen die Affekte unter der Vorherrschaft der Vernunft standen. Schon die Vorsokratiker sahen in der Vernunft die Besonderheit des Menschen in Abgrenzung zu den Tieren, die sich vor allem in Vernunfterkenntnis, Kulturentwicklung und gegliederter Sprache zeige.

Aus der sprichwörtlichen Vernunftlosigkeit der Tiere zieht Aristoteles den Schluss, dass Tiere das tugendethische Ziel menschlichen Lebens, die Glückseligkeit (*eudaimonía*), nicht erreichen können. Insbesondere die selbstgenügsame philosophisch-kontemplative Tätigkeit bringt den Menschen zumindest zeitweise der seligen Daseinsform der Götter nah, die den vernunftlosen Lebewesen aber völlig versagt ist. (W2: EN 1178b 24–32) Deshalb »können wir nun weder Rind noch Pferd, noch sonst ein Tier als ›glücklich‹ bezeichnen« (W2: EN 1099b 35ff.). Aristoteles folgt hier im Kern seinem Lehrer Platon, für den Tiere lediglich als Möglichkeit menschlicher Selbstverfehlung im Kontext der Seelenwanderungslehre in den philosophisch-ethischen Blick kommen. Auf Menschen, die ein unphilosophisches Leben der Sinne und Lüste führen, wartet nach Platon (ca. 427 - ca. 347 v. Chr.) eine Wiederverkörperung in einem ihrem Charakter entsprechenden Tier. Und auch, wenn manche Tiere mit dem Menschen den zornmütigen Seelenteil gemeinsam haben, können diese Tiere nicht wirklich tapfer genannt werden, da ihnen zur Tugend der Tapferkeit die lenkende Vernunft fehlt. (Vgl. Dierauer 1977, 45) So fallen Tiere wegen ihrer Tugend- und Glückseligkeitsunfähigkeit aus allen wichtigen intellektualistisch-eudämonistischen Ethiken der Antike heraus. Die Glückseligkeitsfähigkeit der Tiere ziehen nur die relativ belanglos gebliebenen Schulen des antieudämonistischen Hedonismus des Aristipp von Kyrene sowie die kulturkritischen Kyniker in Betracht, die die Bedürfnislosigkeit der Tiere in polemischer Absicht zum ethischen Ideal erheben. Diogenes von Sinopes programmatisches Verspeisen eines rohen Tintenfischs aber zeigt, dass die kulturkritische Propagierung des animalischen Glücks nicht notwendig mit dem Motiv der Tierschonung verbunden ist.

Eine Einbeziehung der Tiere in die Ethik ist unmöglich, wenn die theoretische Einsichtsfähigkeit die Bedingung der Möglichkeit nicht nur für praktische Rechtsfähigkeit, sondern sogar für Freundschaft ist. Diese Verbindung zieht Aristoteles mustergültig in der Erörterung der Frage, warum zwischen Mensch und Tier keine Freundschaftsliebe existieren kann: »[...] in der Tyrannis [...], wo zwischen Herrscher und Beherrschtem keinerlei Gemeinsamkeit besteht, da gibt es auch keine Freundschaft: es gibt hier ja auch kein Recht. [...] Freundschaft kann es zum Leblosen nicht geben und auch keine Rechtsbeziehung. Aber auch nicht zu einem Pferd oder einem Ochsen und nicht zu einem Sklaven als Sklaven [...]. Zum Sklaven als Sklaven gibt es also keine Freundschaft, wohl aber sofern er Mensch ist. Denn bekanntlich gibt es für jeden Menschen eine Art Rechtsbeziehung zu jedem Wesen, das an Satzung und vertraglichem Übereinkommen Anteil haben kann, und deshalb also ist auch Freundschaft denkbar - sofern dieses Wesen ein Mensch ist.« (W2: EN 1161a 32 - b8 233 f.)

Thomas von Aquin (ca. 1225–1274) wird eineinhalb Jahrtausende später in seiner *Summa Theologica* aus dieser aristotelischen Argumentation schlussfolgern, dass man den Tieren kein Wohlwollen entgegenbringen könne, weil sie nicht glückseligkeitsfähig seien (W21: STh II–II 25,3), und dass daher auch der Schöpfer selbst ihnen keine Freundschaftsliebe entgegenbringe (W21: STh I 21,2 ad 3).

Eine wirkungsgeschichtlich bedeutsame Weichenstellung für die Einbettung der menschlichen Privilegierung in eine kosmo-theologische Teleologie unternimmt der Vorsokratiker Diogenes von Apollonia (um 450 v. Chr.), dessen Gedanken sich höchstwahrscheinlich in zwei Kapiteln der *Sokrateserinnerungen* (Mem. I 4 u. IV 3) des Xenophon (430 - 354 v. Chr.) finden. Angesichts der harmonischen Übereinstimmung von physischen und psychischen Besonderheiten des Menschen fragt er rhetorisch: »Ist es dir denn nicht völlig klar, daß die Menschen im Vergleich zu den andern Lebewesen wie Götter leben, indem sie von Natur aus körperlich und seelisch allen überlegen sind? Denn weder ein Lebewesen mit Stierkörper und Menschenverstand könnte tun, was es wollte, noch wären solche Lebewesen im Vorteil, die zwar Hände hätten, aber unverständig wären. Du aber, der du in körperlicher und seelischer Hinsicht die wertvollsten Fähigkeiten bekommen hast, zweifelst noch daran, daß die Götter sich um dich kümmern?« (Xen., Mem. I 4, zit. n. Dierauer 1977, 51)

Die unübertreffliche Harmonie von bester Körperausstattung mit vorzüglichsten Seelenvermögen macht den Menschen zum Spitzengeschöpf des Kosmos und Ort eines »physikotheologischen« Gottesbeweises. So wurde der Boden für jene maßlose Anthropozentrik bereitet, die sich nicht nur als allgemeine Alltagsüberzeugung in der *Politik* (1256b 15–22) des Aristoteles niederschlug, sondern sich als fester Rezeptionsbestand von Chrysipp (ca. 280 – 207 v. Chr.) über Poseidonios (135 – 50 v. Chr.) bis zu Cicero (106 – 43 v. Chr.) verdichtet.

In seinen Ausführungen über die nur für den Menschen gemachten Tiere schreibt Cicero über das Schwein: »*Chrysipp* selbst sagt von ihm, daß es eine Seele nur deshalb erhalten habe, damit es nicht faule. Die Natur hat kein Tier so fruchtbar gemacht wie dieses, das zur Nahrung des Menschen geeignet ist. Was soll ich noch von der Menge und dem Wohlgeschmack der Fische und Vögel sprechen?« (W4: II 159f.; vgl. II 140) Die göttliche Allnatur der Vorsehung hat die Welt ausschließlich zum Nutzen und Wohlgefallen der Menschen eingerichtet. Die doppelt teleologische Seelenstufenordnung des Aristoteles wird hier zugunsten der Betonung der Vertikalen interpretiert, indem ein entelechialer Eigenwert nichtmenschlicher Lebewesen bestritten wird. Die Vernunftlosigkeit der Tiere gilt den Stoikern als göttlich-naturhaftes Zeichen ihrer Bestimmung, den Menschen zu nutzen. In diesem Punkt treibt der Stoizismus die hierarchische Naturteleologie auf die Spitze. Die natürliche moralische Gemeinschaft der Stoa ist eine exklusive Vernunftgemeinschaft der Menschen und Götter, wie dem folgenden Bericht Ciceros über die Stoiker prägnant zu entnehmen ist: »Doch ebenso, wie sie daran festhalten, daß es zwischen den Menschen eine Rechtsordnung gibt, genauso gibt es, wie sie sagen, zwischen Mensch und Tier kein Rechtsverhältnis. Ausgezeichnet erklärt Chrysipp, daß alles andere um der Menschen und Götter willen entstanden sei und diese selbst um ihrer Gemeinschaft und Verbindung willen, was zur Folge hat, daß die Menschen sich der Tiere zu ihrem Nutzen bedienen können, ohne damit Unrecht zu tun.« (Zit. n. Q6: 20f.)

Mit der Tiervernunft für Gerechtigkeit: Theophrast, Plutarch, Porphyrios

Antike Kritiker der stoischen Anthropozentrik versuchten folgerichtig, den »Dogmatikern«, wie sie die Stoiker nannten, die Vernunft der Tiere zu beweisen. Von Philon von Alexandrien (ca. 25 v. – 50 n. Chr.), Plutarch von Chaironeia (ca. 47 – 120), Sextus Empiricus (Ende 2. Jh.), Celsus (um 180) und Porphyrios (232 – ca. 304) sind antistoische Streitschriften zur Tiervernunft überliefert. Die wenigsten dieser Polemiken waren jedoch »tierethisch« motiviert, sie verfolgten vielmehr den Zweck, an den »Grundfesten des stoischen Denkens« zu rütteln, nämlich an der Anthropozentrik im Verbund mit der stoischen Vorsehungslehre. (Dierauer 1977, 257)
Substanzielle Elemente für eine tierethische Argumentation finden sich in *De eusebeia* sowie in einem tierpsychologischen Fragment des Aristoteles-Schülers Theophrast von Eresos (ca. 370 – 285 v. Chr.), in den zwei Fragmenten *Vom Fleischessen* (*De esu carnium*) des Akademikers Plutarch von Chaironeia und in der Vegetarismusschrift *De abstinentia* des Neuplatonikers Porphyrios, aus der im 19. Jahrhundert sowohl Theophrasts Schrift *Über die Frömmigkeit* als auch das tierpsychologische Fragment rekonstruiert werden konnten. Alle drei Autoren verbindet die Kritik am Tieropferkult, wenngleich mit unterschiedlichen Begründungen.
Die naturphilosophische Variante der Seelenwanderungslehre ist das Argument, das in der Antike für eine Annäherung des Tieres an den Menschen zu sprechen scheint. Sie wurde von den Orphikern, Empedokles und den Pythago-

reern vertreten, wobei Empedokles auch die Pflanzen einschloss. Platons ethisch-pädagogische Wendung der Seelenwanderungslehre schwächte ihren epistemischen Status und führte zur Distanzierung des Tieres vom Menschen (Zander 1999, 74–81), sodass sie bei Plutarch nur noch rhetorisch eingesetzt wird, um das Fleischessen in die Nähe der Gefahr des Kannibalismus beziehungsweise des Verwandtenmordes zu rücken (Q1: 146ff.). Theophrast macht von der Seelenwanderungslehre, die schon sein Lehrer Aristoteles definitiv verworfen hatte, keinen Gebrauch. Er entwickelt vielmehr in seiner tierpsychologischen Schrift das Argument von der naturgeschichtlichen Verwandtschaft zwischen Mensch und Tier auf »psychobiologischer« Grundlage. (Q1: 160) Ob er selbst bereits aus der Verwandtschaftsgemeinschaft auch Gerechtigkeitsforderungen abgeleitet hat oder seine Tierpsychologie auf die Tieropferkritik in seiner Frömmigkeitsschrift bezogen hat, ist ungewiss. Der Neuplatoniker Porphyrios jedenfalls greift beide theophrastschen Argumentationen auf und definiert Gerechtigkeit dahingehend neu, dass »man sich alles Verletzens dessen, was selbst nicht verletzt, enthält« (Q1: 162). Diese grundlegende Form der Gerechtigkeit muss sich nach Porphyrios schon deshalb über den Kreis der Menschen hinaus auswirken, weil sie sonst nur »Menschenfreundlichkeit«, nicht aber Gerechtigkeit wäre. Dabei muss sie nicht einmal bei der Einbeziehung der empfindungs- und partiell vernunftfähigen Tiere stehen bleiben, da auch Pflanzen, wenn man sich über ihre Früchte hinaus ihrer Teile bedient, verletzbar sind.

Porphyrios stellt seine von Theophrast aus weiter entwickelte Gerechtigkeitskonzeption in einen religiösen Selbstvervollkommnungskontext. (Pérez-Paoli in Niewöhner/Seban 2001, 93–110) Da das ethisch-religiöse Endziel einer fortschreitenden Anähnlichung an den reinen, vernünftigen, immateriellen, vollkommenen Gott im irdischen Körperleben angestrebt werden soll, ist auch die Art der Ernährung betroffen. So wendet sich Porphyrius mit seinen drei Büchern über eine reine angemessene Ernährung gegen die kynisch-stoisch-libertinären Behauptungen, die Art der Ernährung sei irrelevant für eine philosophische Lebensführung, eine Auffassung, die Diogenes von Sinope zum Verschlingen eines rohen Oktopus und zur Propagierung des Kannibalismus geführt hatte. (Q1: 152; vgl. Sorabji 1993, 160) Da es Porphyrios um die Reinheit von Körper und Seele geht, versteht es sich, dass der körperliche Verzicht auf Fleischnahrung eine seelische Haltung von Gerechtigkeit und Mitgefühl erfordert. Der Grund für einen »gerechten« Umgang des Menschen mit Tieren und Pflanzen bleibt bei Porphyrios aber im Bannkreis des antiken tugendethischen Selbstvervollkommnungsstrebens, aus dem die Tierethik erst im Laufe der Neuzeit heraustritt. Dennoch ist bemerkenswert, dass vielleicht schon bei Theophrast und Porphyrios Quasirechte für Tiere entworfen wurden, insofern die beiden antiken Philosophen auf animalische Eigenschaften als relevante Gründe für eine gerechte Behandlung von Tieren rekurrieren. (Sorabji 1993, 156f.)

Eine andere Variante ethischer Selbstkultivierung ist das sogenannte Verrohungsargument, das sich spätestens bei Plutarch (Q1: 143 u. 147) findet. Wer Tiere quält oder tötet, der quält oder tötet früher oder später auch Menschen. Daher ist die stete Übung der Tierschonung eine Vorübung für soziale Charakterbildung und gehört als solche ebenfalls ins tugendethische Programm. Als sozialpädagogisches und philanthropisches Argument spielt das Verrohungsargument bis in die Anfänge der Tierschutzbewegung und Tierschutzgesetzgebung des 19. Jahrhunderts eine wichtige Rolle.

Der Rückblick zeigt, dass die Weichen für den Ausschluss der Tiere aus der Ethik in der griechischen Antike, die sich am Leitbild einer Gemeinschaft der Gleichen orientierte, früh gestellt wurden. Vor allem die stoische Kombination der Argumente von fehlender Tiervernunft und anthropozentrischer Nutzenideologie blieb bis in die jüngere Vergangenheit hinein virulent. Intellektualistischer Egalitarismus, Anthropozentrik und Selbstvervollkommnungsstreben bringen eine Konzeption von moralischer Gemeinschaft hervor, in der gleichartige autarke Mitglieder zwar symmetrisch durch Respekt, nicht aber asymmetrisch durch Fürsorge miteinander verbunden sind. Insofern fehlt aus moderner Perspektive betrachtet den angesprochenen Konzeptionen die Unterscheidung zwischen einem moralisch kompetenten Subjekt und einem eventuell moralisch nicht kompetenten, aber bedürftigen und gerade deshalb moralisch relevanten Objekt. Bedürftigkeit als solche begründet nach hellenistischer Auffassung noch keinen moralischen Anspruch.

Von biblischer Barmherzigkeit und philosophischem Mitleid

Im Römischen Reich erfreute sich der Stoizismus großer Popularität, prägte die Alltagskultur und bot sich auch der jungen christlichen Religion als vorrangige philosophische Reibungsfläche an, wovon Stoizismen in den Paulusbriefen (etwa 1 Kor. 9,9 f.) und bei vielen Kirchenvätern zeugen. Insbesondere die stoisch-anthropozentrische Kosmologie und Vorsehungslehre ließen sich leicht mit der biblischen Schöpfungslehre verbinden. Auch die radikale Ausschlusslogik stoischer Naturrechtslehre wurde von den christlichen Theologen aufgegriffen und prägte die Einstellung zum Tier im christlichen Mittelalter insbesondere im lateinischen Westen, wie das folgende Augustinus-Zitat belegt: »Wir sehen es nämlich und nehmen es an den Lauten wahr, wenn Tiere mit Schmerz sterben, was freilich der Mensch im Tier geringschätzt, weil er mit ihm, das natürlich keine Geistseele hat, durch keine Rechtsgemeinschaft verbunden ist.« (Q1: 166; vgl. Sorabji 1993, 195 ff.) Nur Besitzer einer unsterblichen Vernunftseele gehören zur Rechts- und Moralgemeinschaft der Gleichen. Dieser Grundton blieb durch das gesamte christliche Mittelalter hindurch für das Denken und Handeln bestimmend. Im Hochmittelalter befestigte Thomas von Aquin noch einmal die anthropozentrische Grundhaltung, indem er alle Nutzenargumente von Aristoteles bis Augustinus zusammentrug und in diesem Licht auch Bibelverse deutete. (Vgl. etwa W21: STh II-II 64.1)

Barmherzigkeit, Mitleid, Sympathie – der gewisse Unterschied

Die Nächstenliebe (hebr.: *ahab*; griech.: *agápe*) war zwar ursprünglich auf den Menschen beschränkt, doch die biblische Gedankenwelt trug auch Ideen für eine Umorientierung im Mensch-Tier-Verhältnis bei. Insbesondere der biblische Gedanke der Barmherzigkeit, die sich auf alle Lebewesen erstrecken kann, relativierte den griechisch-philosophischen Intellektualismus. Barmherzigkeit (hebr.: *racham*) ist ein handlungsleitendes Gefühl des biblischen Gottes, das von den Menschen gefordert wird und sich in christlicher Tradition zur Tugend der Barmherzigkeit (lat. *misericordia, compassio*) weiterbildet. Dem Begründer der Stoa, Zenon von Kition (332 - 262 v. Chr.), galt das Mitleidsgefühl (griech.: *éleos*) hingegen als ein »unvernünftiges Verzagen« und eine »Schwäche der Seele« (W8: VII 111 u. 123), die eine vernünftige Urteilsbildung verhindere. Als Affekt des menschlichen Individuums wurde Mitleid von den meisten Philosophen kritisch beurteilt und von der Stoa sogar grundsätzlich verworfen. Nicht passives Mitleiden, sondern tätige Menschenliebe (lat. *humanitas*) ist geboten, eine Unterscheidung, der noch Kant in der Tugendlehre der *Metaphysik der Sitten* (W14: VI 456f.) und der *Anthropologie* (W14: VII 253f.) folgen wird. (L4: V 1410ff.) Aber die von Cicero auf den Begriff gebrachte Humanität bleibt in der Stoa auf die Menschen beschränkt. Die kulturelle Differenz zwischen den Formen tätigen Mitleids liegt also zum einem darin, dass die biblische Barmherzigkeit über den Kreis der Menschen hinaus auch auf Tiere ausgedehnt werden kann, und zum anderen in der uneingeschränkt positiven Bewertung des Affektiven, das auch das Gottesbild prägt.

Von dieser Palette individueller Emotionen und Motive grundsätzlich zu unterscheiden ist die *sympátheia*, die bis in die Neuzeit hinein als eine unpersönliche Kraft den kosmischen Zusammenhang aller Dinge garantierte. Peripatetiker, Stoiker und Neuplatoniker entwickelten Varianten dieser naturphilosophischen Sympathielehre, die noch in der Renaissance als ein rein theoretisches Konzept eine prominente Rolle spielte. Moralphilosophisch wirkte sich die Sympathie erst in der Moral-sense-Philosophie des 18. Jahrhunderts aus. (L4: X 751–762) Humes Sympathielehre verrät noch ihre Herkunft aus der antiken Naturphilosophie. Das kosmische Prinzip der Sympathie (»principle of *sympathy*«) ermöglichte die teilnehmende Einfühlung in die Gefühle anderer und verursachte im Einzelnen die Affekte (»passion«), unter ihnen auch Wohlwollen, Mitleid und der Drang zur selbstlosen Geselligkeit. (W12: Traktat II, Abs. 5, 96 f.) Da »das Mitleid (›pity‹) in hohem Maße von der Nähe, und sogar von dem Anblick seines Objekts abhängt« (W12: Traktat II, Abs. 5, 104), indizierte es zwar eine beginnende Interspeziesethik der Nähe, die aber aufgrund des vertragsethischen Primats die exklusive Menschenmoral noch nicht aufzubrechen vermochte.

Die biblische Ideenwelt kennt kein unpersönliches kosmisches Sympathieprinzip. Mitleid und Barmherzigkeit werden von vornherein als handlungsleitende Gefühle eines personalen Gottes aufgefasst. Die vom Menschen erfahrene göttliche Barmherzigkeit soll sich sowohl im zwischenmenschlichen Bereich als auch im Umgang mit den Haustieren abbilden. Doch er darf Arbeitskraft und Produkte (Milch, Honig, Wolle etc.) der Tiere nicht nur nutzen, sondern Tiere sogar – unter den Bedingungen der vom Sündenfall belasteten Schöpfung, also der realen Welterfahrung – für den Fleischverzehr töten. In der idealen Schöpfung herrschte zwar ein paradiesischer Urvegetarismus (Gen 1,29 f.), der aber nach der Sintflut bei der Erneuerung des Schöpfungssegens an Noah von einer kontrollierten Tiertötung zu Nahrungszwecken abgelöst wird (vgl. Gen 9,2f.). Dieser Textbefund wurde seit der Antike in der rabbinischen Bibelexegese (Baranzke, Lamberty-Zielinski 1995, 39) wie auch später im naturrechtlichen Schrifttum immer wieder mit Blick auf die Legitimität des Fleischessens problematisiert. (Maehle 1992, 104f.) Ein Vers im Buch der Sprüche sollte der frühneuzeitlichen Tierrechtsbewegung regelrecht zum Motto werden. In der Luther-Übersetzung lautet er: »Der Gerechte (*zadiq*) erbarmt sich seines Viehs, aber das Herz der Gottlosen ist unbarmherzig.« (Spr 12,10) Wie Gott die Bedürfnisse aller seiner Geschöpfe kennt, der menschlichen wie der tierischen, so kennt auch der sich an Gott orientierende *zadiq* die Bedürfnisse der ihm besonders anvertrauten Haustiere. Zwischen der Erlaubnis zur Nutzung und der Anerkennung der Bedürftigkeit aller Kreaturen entsteht eine Spannung, wie es sie in der eindeutig anthropozentrischen Grundhaltung der Stoa nicht gibt.

Trotz anthropozentrischer Nutzenordnung ermöglicht das Bild eines auf die Bedürfnisse seiner Geschöpfe eingehenden Gottes die grundsätzliche Einbeziehung der Tiere in die ethische Reflexion, ohne diesen einen noch so schwach ausgeprägten Anteil am Vernunftbesitz unterstellen zu müssen. So wird eine »moralische Gemeinschaft« gebildet, die nicht aus autarken und unerschütterlichen Gleichen, sondern aus gleichermaßen bedürftigen Kreaturen besteht, die sich aber in verantwortliche und nichtverantwortliche differenziert. Die Sonderstellung der Kreatur Mensch wird im biblischen Modell durch seine Gottebenbildlichkeit (Gen 1,26f.) begründet, die ihm sowohl besondere Nutzungsinteressen gegenüber den anderen Kreaturen einräumt (Gen 1,28; 9,2f.) als ihn auch unter den Schutz vor Tötung stellt (Gen 9,4–7 u. ö.). Aber sie hebt die Verpflichtung, die Bedürftigkeit aller Kreaturen zu beachten, nicht auf. Jedenfalls begründet die Gottebenbildlichkeit als sogenanntes »Stewardship«-Modell

(Statthalterschaft) spätestens seit dem 18. Jahrhundert eine hierarchisch strukturierte Verantwortungsgemeinschaft. Bezeichnenderweise gewinnt die Barmherzigkeits- und Verantwortungsverpflichtung gegenüber Tieren erst an Durchsetzungskraft, als der erkenntnistheoretische Sensualismus den Glauben an die Vernunft als Auszeichnung des Menschen schwächt. Integriert in eine protestantische Ethik tätiger Nächstenliebe, wird die biblische Barmherzigkeit schließlich zu einem wesentlichen Motor der Tierschutzbewegung im 19. Jahrhundert.

Arthur Schopenhauers leidensmetaphysisch begründete Mitleidsethik

Angesichts des seit dem 18. Jahrhundert zum Tierschutzmotto avancierten Bibelverses: »Der Gerechte erbarmt sich seines Viehs« (Spr 12,10), ereiferte sich Schopenhauer (1788–1860) in der posthum veröffentlichten zweiten erweiterten Auflage seiner *Parerga und Paralipomena*: »›Erbarmt!‹ – Welch ein Ausdruck! Man erbarmt sich eines Sünders, eines Missethäters, nicht aber eines unschuldigen treuen Thieres [...]. Nicht Erbarmen, sondern Gerechtigkeit ist man dem Thiere schuldig, – und bleibt sie meistens schuldig, in Europa, diesem Welttheil, der vom *foetor Judaicus* so durchzogen ist, dass die augenfällige simple Wahrheit: ›das Thier ist im Wesentlichen das Selbe wie der Mensch‹ ein anstößiges Paradoxon ist.« (W19: VI 395)
Der Philosoph Herz Bamberger zeigt sich in seiner Dissertation über *Das Tier in der Philosophie Schopenhauer's* (1897) entsetzt über Schopenhauers Verkehrung des Bibelverses und weist auf den Zusammenhang von biblisch-jüdischer Barmherzigkeitstradition und moderner Tierschutzbewegung hin. Nach dem Zweiten Weltkrieg und den Erfahrungen der Shoa schreibt der Philosoph Michael Landmann über das Verhältnis der deutschen Tierschutzbewegung zu Schopenhauer: »Aber mit seiner Tierphilosophie saugt sie unvermeid-

lich [...] sein antijüdisches Vorurteil ein. Wiewohl er sich mit ihren Bestrebungen im ganzen einig weiß, wird daher der Jude der Tierschutzbewegung stets mit einem gewissen Mißtrauen begegnen.« (Landmann 1959, 130) Schopenhauers Mitleidsethik wurde in der deutschen Tierschutzbewegung inklusive ihres antijudaistischen Affekts intensiv rezipiert. (Brumme 2001) So wurden zugleich auch Weichen für eine anhaltende Entfremdung insbesondere der deutschsprachigen Juden von ihrer eigenen tierfreundlichen Tradition gestellt. Ohne ein historisch-hermeneutisches Bemühen um einen veränderten Sprachgebrauch desavouierte Schopenhauer die Barmherzigkeit als einen Zentralbegriff der biblischen Ethik, obwohl er mit seiner Mitleidsethik ganz ähnliche Ziele verfolgte. Schopenhauer rieb sich an der vermeintlichen Herablassung, die dem Begriff »Barmherzigkeit« inzwischen als Konnotation zugewachsen war, und bevorzugte daher das Wort »Mitleid«. Seine Leidensmetaphysik ist einerseits inspiriert von der antiindividualistischen Lehre des Buddhismus, andererseits knüpft er aber auch an den kosmologischen Sympathiebegriff (L4: X 754) der Antike an.

In seiner *Preisschrift über die Grundlage der Moral* (1841; W19: IV 107–276) sucht Schopenhauer in Abgrenzung gegen Kants apriorische Sollensethik eine empirische und deskriptive Begründung der Moral. Nach Schopenhauer gibt es drei Beweggründe für menschliches Handeln: 1. das eigene Wohl, 2. das fremde Wehe und 3. das fremde Wohl – mit andern Worten: 1. ein alle Lebewesen treibender und mithin moralisch neutraler »animalischer« Egoismus, 2. teuflische Boshaftigkeit und 3. Mitleid als jene »eigenthümliche Triebfeder« von Handlungen, »denen wir *ächten moralischen Werth*« zuerkennen müssen (W19: IV 195). Insofern Schopenhauer eine echte moralische Handlung als durch Mitleid motiviert definiert, die »ganz allein *des Andern wegen*« geschieht, sodass »*sein Wohl und Wehe unmittelbar mein Motiv*« ist (W19: IV 208), steht sie zu außermoralischen egoistischen Handlungen in einem kontradiktorischen Ausschlussverhältnis – denn mein Wohl und Wehe ist nicht fremdes Wohl und Wehe. Unmoralische Handlungen der Boshaftigkeit, die sich an fremdem Leid erfreuen, sind dagegen das konträre moralische Gegenstück zu Mitleidshandlungen, die sich mit fremdem Leiden identifizieren. Die Identifikation mit dem Leiden des Anderen geht aber nicht so weit, dass wir uns mit ihm verwechseln und seinen Schmerz für unseren halten könnten und somit doch verkappte Egoisten wären. Mitleid ist vielmehr das unmittelbare Motiviertwerden »durch die Leiden des Andern« (W19: IV 211). Im »alltäglichen Phänomen des Mitleids« (W19: IV 208) findet Schopenhauer die empirische Bestätigung des Mitleids als empirischen Grund aller Moralphilosophie.

Bemerkenswert ist nun, dass Schopenhauer aus dem »ethischen Urphänomen« des Mitleids nicht nur die Menschenliebe, sondern auch die Gerechtigkeit als seine beiden Kardinaltugenden ableitet, aus denen alle anderen Tugenden folgen. (W19: IV 213) Gerechtigkeit definiert er als Unterlassung von Leidverursachung, Menschenliebe äußert sich in der aktiven Hilfeleistung als Leidminderungshandlung. Die rein negative Definition der Gerechtigkeit als Leidvermeidung und die Fassung des maximalen Tugendziels der Menschenliebe als Leidensminderung offenbaren den leidensmetaphysischen Hintergrund der schopenhauerschen Ethik, in der vollkommenes Glück als Ideal nicht vorgesehen ist. Der vermeintlich Glückliche nimmt lediglich seine Neider nicht wahr. Eine Glückssteigerung wie im Utilitarismus kommt nicht in den Blick. Moral als Mitleid ist Überwindung des Scheins der Individualität und korrespondiert dem mystischen Urgrund der Einheit aller Lebewesen im Leiden jenseits aller raum-zeitlichen Vielheit und Verschiedenheit der Individuen.

Schopenhauers Mitleidsethik mangelt es an Lebensbejahung, weshalb Albert Schweitzer sie als »überethisches« Resignationsunternehmen charakterisiert, da aus »Welt- und

Lebensverneinung« nicht »wirklich Ethik zu machen« sei. (W20: II 297–301). Schopenhauers Mitleidsethik kulminiert letztlich im Ideal der Negierung des Willens zum Leben durch den weisen Asketen. Dieser höchste Akt wird aber nicht jedem Menschen abverlangt, schon gar nicht in Hinsicht auf die Tiere. Als leidensfähige Wesen benötigen Tiere zwar keine eigene Eintrittskarte in Schopenhauers Mitleidsethik, besitzen aber trotzdem keinen Anspruch auf die größtmögliche Leidvermeidung. In Übereinstimmung mit dem traditionellen Verrohungsargument hängt für Schopenhauer Mitleid mit Tieren »mit der Güte des Charakters so genau zusammen, daß man zuversichtlich behaupten darf, wer gegen Thiere grausam ist, könne kein guter Mensch seyn«. »Auch zeigt dieses Mitleid sich als aus der selben Quelle mit der gegen Menschen zu übenden Tugend entsprungen.« (W19: IV 242) Doch dass dieses Mitleid »nicht so weit führen muß, daß wir, wie die Brahmanen, uns der thierischen Nahrung zu enthalten hätten, beruht darauf, daß in der Natur die Fähigkeit zum Leiden gleichen Schritt hält mit der Intelligenz; weshalb der Mensch durch Entbehrung der thierischen Nahrung, zumal im Norden, mehr leiden würde, als das Thier durch einen schnellen und stets unvorhergesehenen Tod, welchen man jedoch mittelst Chloroform noch mehr erleichtern sollte.« (W19: IV 245) Die Verbundenheit im Lebenswillen gilt in Bezug auf das Tötungsverbot nicht unterschiedslos für Menschen und Tiere. Schopenhauer führt hier angesichts der Tiere Differenzierungen ein, die der empirischen Welt des Scheins entspringen.

Dies findet die an Schopenhauer anknüpfende Mitleidsethikerin Ursula Wolf nicht konsequent. Die »Einstellung des Mitleids« ist »mit dem Töten der Wesen, auf die sie [die Einstellung] sich bezieht, affektiv unvereinbar« (Q5: 74). Da für Wolf wie zuvor für Hume klar ist, dass das Mitleid als »natürlicher Affekt« in der »Reichweite beschränkt« ist, entwickelt sie ihre »Konzeption des universalisierten Mitleids«, aus der sich die allgemeine moralische Forderung ergibt, dass »alle so zu behandeln sind, als ob man ihnen gegenüber Mitleid empfinden würde« (Q5: 57; vgl. U. Wolf 1990, 97). Damit vermag sie zugleich dem Problem zu begegnen, dass man niemandem vorschreiben kann, bestimmte Affekte zu haben. Weil Wolf aber auch Schopenhauers metaphysisch fundierte Leidenstheorie vermeiden will, muss sie, wenn es um die Legitimität von schmerzarmer Tiertötung geht, empirische Kriterien für die Feststellung von Leidensfähigkeit, Todesbewusstsein oder Lebenswillen anlegen, wodurch die sogenannten niederen Tiere wie Fische für den menschlichen Verzehr freigegeben werden. (U. Wolf 1990, 119f.) Das schränkt ihre Als-ob-Konzeption des universalisierten Mitleids auf den Kreis jener Arten von Lebewesen ein, gegenüber denen ein Mitleidsaffekt nach Auskunft von Neurologie und beobachtbarem Ausdrucksverhalten möglich ist. Obwohl Ursula Wolf als Vertreterin einer strikten Variante einer Mitleidsethik »das Töten so gut wie aller Tiere« als »unmoralisch« ausweisen möchte, ist ihr bewusst, dafür »keine sehr starken Argumente« zu haben (U. Wolf 1990, 120).

Neuzeitliches Natur- und Vernunftrecht: Was sind »indirekte Pflichten«?

Genau betrachtet hatte an der Spitze der aristotelischen beziehungsweise stoischen Seinsstufenordnung nicht der Mensch, sondern der *noûs* beziehungsweise der *lógos* gestanden. Der Alltagsverstand aber rückte den Menschen, der in der Seinsstufenordnung den Platz zwischen göttlicher Vernunft und den nur empfindenden Tieren innehatte, kurzerhand an die Stelle der reinen Vernunftwesen und verwandelte die Noo- beziehungsweise Logozentrik der Philosophenschulen in eine anthropozentrische Ideologie. Die christliche Theologie im Mittelalter war theozentrisch; sie betonte die prinzipielle Differenz zwischen Gott und Mensch. Aufgrund dessen blieb der Schöpfergott mit deutlichen Eigentumsansprüchen auf all seine von ihm ins Leben gerufenen Geschöpfe an der Spitze der christlich-mittelalterlichen Schöpfungsordnung präsent und konnte in der Folgezeit leichter als Verantwortungsinstanz ins Bewusstsein treten. Dennoch wurde überwiegend - wie exemplarisch anhand von Augustinus und Thomas belegt - die griechisch-hellenistische Alltagsanthropozentrik in den theozentrischen Rahmen eingebettet.

Für eine verantwortungsethische Verschiebung in diesem Grundgerüst bedurfte es weiterer Faktoren, unter anderem der sensualistischen Gradualisierung des Vernunftvermögens gekoppelt mit der Aufwertung der Sinnlichkeit einerseits und einer pessimistischen Anthropologie in der Reformationszeit andererseits. Der Gedanke, dass der Mensch aufgrund seiner Ursünde das Leiden aller Kreaturen in der ursprünglich leidfreien Schöpfung verursacht habe, wurde bestimmend. Der Mensch als Sünder (*homo peccator*) und die gefallene Schöpfung (*natura lapsa*) legten nicht nur Vorstellungen einer retrospektiven Verantwortung, sondern auch einer prospektiven Teilwiedergutmachung nahe. Als schuldiger Verursacher des »Seufzens aller Kreatur« (Röm 8,18 ff.) hatte der Mensch seine Gottebenbildlichkeit in Form der verantwortlichen Statthalterschaft (»stewardship«) zu zeigen. Verstärkt durch die protestantischen Reformbewegungen des Pietismus, Puritanismus und Quäkertums mündete der lutherische Impuls im 19. Jahrhundert in eine breit getragene Tierschutzbewegung und -gesetzgebung der protestantischen Industrieländer. (Gharpure 1935; Thomas 1983, 150–165; Wiedenmann 1996). Da Menschen und Tiere Leiden und Bedürftigkeit teilten, galt es, die christliche Nächstenliebe auch auf die vernunftlosen Geschöpfe auszudehnen und schließlich neben Suppenküchen für bedürftige Menschen auch Tierschutzvereine für bedürftige Tiere zu gründen. Der pietistische Pfarrer Albert Knapp, der jüngere Freund des »geistigen Vaters der deutschen Tierschutzbewegung« Christian Adam Danns, gründete am

17. Dezember 1837 in Stuttgart den ersten deutschen Tierschutzverein. (W5) Danns Einfluss reicht noch bis zu Albert Schweitzer.

Immanuel Kant: Pflichten »in Ansehung der Tiere«

Auch die einflussreichen protestantischen Naturrechtslehren von Samuel von Pufendorf (1632–1694) und Christian Thomasius (1655–1728) bleiben trotz grundlegender Veränderungen der theozentrischen Grundorientierung treu und rücken die Tiere in ein folgenreiches Pflichtensystem ein: Tiere werden zum Gegenstand von »Pflichten des Menschen gegen Gott« – »in Ansehung der Creaturen«: »Gebrauche die Creaturen nicht zur Unehre des Schöpffers. Denn wenn sie also gebraucht werden / leufft solches wider den innerlichen Gottesdienst / welcher der Grund aller natürlichen Gesetze ist« (Q6: 96), heißt es in den *Drey Büchern der Göttlichen Rechtsgelahrtheit* (1709) des Frühaufklärers Christian Thomasius. Weil der Schöpfer nicht beleidigt werden soll, denken einige neuzeitliche Naturrechtsethiker verstärkt über den Umgang mit Tieren nach, obwohl Thomasius mit Pufendorf an der stoischen Überzeugung festhält, dass zwischen Mensch und Tier keine Rechtsgemeinschaft existiere, und obwohl Thomasius der cartesianischen Automatentheorie zuneigt und dem Tier keine sinnliche Empfindungsfähigkeit zugesteht. Dennoch bleiben die Pflichten gegen Gott – auch in Ansehung der Tiere – als strenge Pflichten bestehen.
An dieses im tierrechtlich bewegten 18. Jahrhundert verbreitete Argumentationsmuster knüpft Immanuel Kant (1724–1804) an, aber er modifiziert es in der neuen Systematik seiner Pflichtenlehre. In § 17 der Tugendlehre in der *Metaphysik der Sitten* (W14: VI 443) nimmt Kant drei begründungstheoretisch wichtige Veränderungen gegenüber Thomasius und der antiken Tradition vor: Erstens setzt er gegen Descartes (vgl. Naragon 1990) eine tierliche Leidensfähigkeit voraus; zweitens säkularisiert er das göttliche Ge-

wissen des Menschen in Ansehung der leidensfähigen Tiere und erklärt das Verbot der Tierquälerei als vollkommene Pflicht gegen sich selbst (vgl. Ingensiep 1996), womit er drittens aus dem Bannkreis der antiken Selbstvervollkommnungsethiken heraustritt. Was bedeutet dies?

Im Zuge der Neustrukturierung der Pflichtenlehre schafft Kant zwei Doppelklassen von Pflichten, nämlich vollkommene und unvollkommene Pflichten gegen sich selbst und vollkommene und unvollkommene Pflichten gegen andere Menschen. Vollkommen sind die Pflichten nach Kant dadurch, dass sie als eindeutige Unterlassungspflichten formulierbar sind, das heißt als Verbote, zum Beispiel durch Selbstmord oder Lüge sich selbst als moralisches Subjekt zu beschädigen. Unvollkommene Pflichten hingegen weisen als positive Verpflichtungen einen quantitativen Interpretationsspielraum auf, beispielsweise Pflichten, die auf Selbsterziehung oder Hilfeleistung gegenüber Bedürftigen zielen. Wichtig ist dabei, dass nur die in Art und Ausmaß nicht präzise bestimmbaren unvollkommenen (Vervollkommnungs-)Pflichten den Perfektibilitätsgedanken aufnehmen. In Kants Neustrukturierung kommen Pflichten gegen Gott nicht mehr vor. Kant hat sie in vollkommene Pflichten »gegen sich selbst« verwandelt, mithin die ausschlaggebende Verantwortungsinstanz säkularisiert. So wird ersichtlich, dass die seit Schopenhauer umstrittenen vollkommenen Pflichten gegen sich selbst für Kant das Fundament aller anderen Pflichten bilden, weil sie die Fähigkeit und die Pflicht zur Selbstverpflichtung voraussetzen. (W14: VI 417 f.)

Für den moralischen Stellenwert der Tiere ist nun ausschlaggebend, in welche Pflichtenklasse Kant das Verbot der Tierquälerei einordnet. In § 17 der *Metaphysik der Sitten* dient es ihm lediglich als Beispiel, um Irrtümer über Verpflichtungsverhältnisse in seinem neu entwickelten Pflichtensystem aufzuklären. Gewöhnlich fällt der erste Blick auf Kants offensichtlichen Gebrauch des traditionellen Verrohungsarguments. Auch in seiner *Vorlesung zur Moralphilosophie* spielt er auf den vierteiligen Kupferstichzyklus »The four stages of cruelty« (1751) des englischen Künstlers William Hogarth an, der das Verrohungsargument im 18. Jahrhundert besonders populär gemacht hat. Kant qualifiziert das Verrohungsargument dort als »gute Lehre für Kinder« (W15: 346), also als pädagogisch wertvoll, und relativiert damit zugleich dessen Begründungsanspruch. Wäre das Verrohungsargument begründungstheoretisch ausschlaggebend, müsste es unter den Pflichten gegen andere Menschen wiederzufinden sein. Aber Kant folgt der naturrechtlichen Tradition darin, dass er das Verbot der Tierquälerei in § 17 der Tugendlehre unter den vollkommenen Pflichten gegen sich selbst abhandelt (Schäfer 1999, 208 f.), die das säkulare Pendant zu Thomasius' und Pufendorfs Pflichten gegen Gott darstellen. Damit überschreitet er aber die stoische Tugendethik, der er ansonsten sehr nahesteht, insofern er das Tierquälereiverbot nicht länger als Selbstvervollkommnungspflicht abhandelt, sondern als vollkommene Pflicht gegen sich selbst. Dass Kant den Rahmen einer perfektibilistischen Ethik in Bezug auf die Tiere verlässt, erschließt sich allerdings erst bei der Beachtung der Komposition. Der episodische Abschnitt »Von der Amphibolie der moralischen Reflexionsbegriffe« beschließt das erste Buch des ersten Teils der Pflichtenlehre, das heißt den Teil der vollkommenen Pflichten gegen sich selbst, dem dann der Teil über die unvollkommenen Perfektibilitätspflichten gegen sich selbst folgt. Die Enthaltung von der Tierquälerei ist damit nicht länger eine Übung zur Steigerung der eigenen Tugendhaftigkeit wie noch bei den Stoakritikern Plutarch oder Porphyrios, sondern wird zu einer streng zu beachtenden Pflicht, die dem Grad eigener Vollkommenheit nichts hinzuzufügen vermag, aber bei Missachtung die Moralität in ihren Grundfesten erschüttert. Durch diese Neuakzentuierung erhält das Leiden der Tiere ein eigenständiges Gewicht. (Grünewald 1988, 98)

Kant widmet der Leidensfähigkeit und der Bedürftigkeit der Tiere noch über das Verbot der Tierquälerei hinaus relativ viel Raum in Bezug auf das Problem der Nutzung und Tötung von Tieren: »[...] obgleich ihre behende (ohne Qual verrichtete) Tötung, oder auch ihre, nur nicht bis über Vermögen angestrengte, Arbeit (dergleichen auch wohl Menschen sich gefallen lassen müssen) unter die Befugnisse des Menschen gehören; da hingegen die martervoll physische Versuche, zum bloßen Behuf der Spekulation, wenn auch ohne sie der Zweck erreicht werden könnte, zu verabscheuen sind. – Selbst Dankbarkeit für lang geleistete Dienste eines alten Pferds oder Hundes (gleich als ob sie Hausgenossen wären) gehören *indirekt* zur Pflicht des Menschen, nämlich in Ansehung dieser Tiere, *direkt* aber betrachtet ist sie immer nur Pflicht des Menschen gegen sich selbst.« (W14: VI 443) Kant thematisiert die Leidensfähigkeit der Tiere nicht nur im Kontext von Tierversuchen, sondern zieht auch dem Umgang mit Nutztieren Grenzen und fordert sogar ein in der Haltung der Dankbarkeit gewährtes Gnadenbrot für nutzlos gewordene Haustiere analog zu den später ausgeführten positiven Liebespflichten gegen andere Menschen. (W14: VI 456 f.) Die wachsende Skepsis gegenüber dem Nutzen von Vivisektionen sowie die lebhaften Tierseelen-, Tierschutz- und Tierrechtsdiskussionen des 18. Jahrhunderts (vgl. Maehle 1992) haben in Kants Tierschutzparagrafen deutliche Spuren hinterlassen. Von dort gingen sie als »anthropozentrische« Argumente in die deutsche Tierschutzgesetzgebung des 19. Jahrhunderts ein. (Ingensiep in Niewöhner/Seban 2001)

Warum hat Kant keine *direkten* Pflichten gegen Tiere formuliert? Um symmetrische Gerechtigkeitsbeziehungen haben zu können, bedarf es nach Kant zweier Bedingungen: Zum einen muss ein Wesen empirisch gegeben sein, um seinen Willen äußern zu können, und zum anderen muss es moralisch befähigt sein, das heißt einen vernünftigen Willen besitzen. Die erste Bedingung verfehlt Gott, die zweite die Tiere. Deshalb gibt es weder mit Gott noch mit Tieren eine Rechtsbeziehung, die sich auf den autonomen Willen des Gegenübers beziehen können müsste. (Grünewald 1988,

99 f.) Kant berücksichtigt in moralischer Hinsicht aber die Leiden, ja sogar die Bedürfnisse der Tiere und öffnet so die streng symmetrische Vernunftgemeinschaft für die neue Dimension von Fürsorge- und Verantwortungspflichten. Die von ihm aus dem neuzeitlichen Naturrecht übernommenen Formulierungen »Pflichten in Ansehung von« beziehungsweise »indirekte Pflichten« können heute besser als »Verantwortung für« übersetzt werden. Diese Interpretation wird auch durch Kants Integration von Fürsorgeaspekten gegenüber anderen Menschen in der Form der unvollkommenen »Liebespflichten« bestätigt. Als vernunftlose empfindungsfähige Leibwesen sind Tiere »Analoga der Menschheit« (W15: 345); Tiere sind somit dem Menschen hinsichtlich der Verletzlichkeit ähnlich, hinsichtlich der vernünftigen Willenskompetenz aber unähnlich. Die Rekonstruktion zeigt: Kants differenzierte Begründung von vollkommenen Pflichten gegen sich selbst »in Ansehung« der Tiere trägt der Vergleichbarkeit wie der prinzipiellen Differenz von Mensch und Tier gleichermaßen Rechnung. Im deutschsprachigen Raum beziehen sich in tierethischer Absicht Günter Patzig, Ottfried Höffe, Lothar Schäfer und Jürgen Habermas (Q5), allerdings auf unterschiedliche Weise, auf Kant.

Albert Schweitzer: Vernünftige Ehrfurcht

Bekanntlich wird Kants komplexe tierschutzethische Argumentation meist auf das wenig originelle Verrohungsargument verkürzt, wie auch in der folgenden Polemik von Schopenhauer: »Also bloß zur Uebung soll man mit Thieren Mitleid haben, und sie sind gleichsam das pathologische Phantom zur Uebung des Mitleids mit Menschen.« (W19: IV 162) Diese Kritik beeinflusste auch Albert Schweitzers (1875–1965) Urteil über Kant, obwohl seine Ethik der Ehrfurcht vor dem Leben kantischen Impulsen viel verdankt. Insbesondere Schweitzers ethischer Zentralbegriff »Ehrfurcht« ist von Goethe und Kant geprägt. (Vgl. Baranzke in

Hauskeller 2006, 13–51) Kant unterscheidet die vernünftige Haltung »der wahrhaftesten Ehrfurcht [...] gänzlich von pathologischer Furcht« (W14: V 481 f.) als einem Naturgefühl, und Goethe folgt ihm darin in *Wilhelm Meisters Wanderjahren*: »Der Natur ist Furcht wohl gemäß, Ehrfurcht aber nicht [...].« (W9: XVII 386 f.) Für Schweitzer ist die Ehrfurcht vor dem Leben ebenfalls kein natürliches spontanes Gefühl, sondern eine durch Mitleid und Respekt gleichermaßen geprägte Haltung, die er von Menschen als kompetenten moralischen Subjekten gegenüber allen in den universalen Lebenskampf verstrickten Wesen fordert. Deshalb ist Schweitzers Ethik auch keine naturalistische oder emotivistische Ethik, denn sie wurzelt eben nicht in einem natürlichen Gefühl, sondern in der rationalen Einsicht eigener moralischer Subjekthaftigkeit. Schweitzer weiß, dass kein Mensch der Tatsache entkommt, wie alles Lebendige von anderem Lebendigen leben zu müssen. Aber einzig der Mensch ist fähig und verpflichtet, angesichts dieser unumgänglichen Dilemmata auf Schadensbegrenzung zu achten und darüber hinaus seine unausweichliche Lebensschuld durch positive Akte der Hilfeleistung allem Leben gegenüber partiell zu kompensieren. Für Schweitzer, der in der protestantischen Stewardship-Tradition steht, sind Akte der Tiertötung und auch das Mähen von Pflanzen zu verantworten. (W20: II 388 ff.) Seine Ethik einer »ins Grenzenlose erweiterten Verantwortung gegen alles, was lebt« (W20: II 379), betont mit dem Ehrfurchtbegriff den Selbstverpflichtungsaspekt des vernünftigen moralischen Subjekts und radikalisiert Kants positive Liebespflichten mit der tätigen christlichen Liebes- und Barmherzigkeitsethik, die sich auf alles, was lebt und leben will, erstreckt. Allerdings hat Schweitzer keine normative Ethik ausformuliert, was ihm in der ethischen Diskussion den Vorwurf normativer Schwäche eingebracht hat. Einer der wichtigsten zeitgenössischen Vertreter einer an Schweitzer orientierten Ethik ist Günter Altner (1991 u. 2005).

Naturalistische Tierethiken: Direkte Pflichten, moralische Rechte und Interessen

Das naturalistische Programm: Glückliche Tiere

Barmherzigkeit, Mitleid und Fürsorge für Tiere reichen modernen Tierethikern nicht; schon im 18. Jahrhundert erschallt der Ruf nach Gerechtigkeit für Tiere. Nicht indirekte Verantwortungs-, sondern direkte, nämlich Gerechtigkeitspflichten soll der Mensch gegenüber Tieren haben. Tiere sollen moralische Anspruchsrechte gegenüber den Menschen besitzen und notfalls mithilfe von Fürsprechern geltend machen können. Tierrechte in Analogie zu Menschenrechten werden gefordert – von Wilhelm Dietler (1787, W7) bis Henry Salt (1892, W18). Wie für Menschenrechte werden auch für Tierrechte natur- und gottesrechtliche Argumente geltend gemacht. Danach besitzen Tiere einen natur- beziehungsweise gottgegebenen Anspruch auf den Genuss ihres Empfindungslebens, wie unter anderem Reimarus gegen Vertreter der cartesianischen Automatentheorie theoretisch-physikotheologisch geltend macht, obwohl er als Instinkttheoretiker weit davon entfernt ist, den Tieren über ihre »Kunsttriebe« hinaus auch Vernunft zuzugestehen. Nicht allein Vernunftwesen, sondern alle empfindungs- und glücksfähigen Lebewesen seien Zweck und Ziel der Schöpfung. Die Anzahl der Tierarten entspricht der Anzahl aller möglichen Glückseligkeitsstufen, sodass der einflussreiche Naturphilosoph Charles Bonnet in seiner *Palingenese* (1769) behauptet: So wie der moralische Mensch weiß, dass »diese Mücke ein empfindungsfähiges Wesen ist, das auf seine Art und Weise die Süßen des Daseins genießt, so wird er dieser auch nicht zum Vergnügen, aus Laune oder ohne Überlegung, das Leben rauben« (zit. n. Maehle 1992, 129). Der dänische Probst Lauritz Smith verbindet diese Impulse in der zweiten Auflage seines *Versuchs eines vollständigen Lehrgebäudes der Natur und Bestimmung der Thiere und der Pflich-*

ten des Menschen gegen die Thiere ([2]1793) und entwickelt seine Lehre von der doppelten Tierwürde – als Art im protoökologischen Kontext der »Haushaltung Gottes« und als Glück genießendes Individuum. (Vgl. Baranzke 2002, Kap. V) Die Individualisierung des Tieres ist eine Voraussetzung für die Entwicklung von Tierrechts- wie Tierschutzbewegung. Jeremy Bentham, der Vorkämpfer für das erste Tierschutzgesetz in der westlichen Welt, den *Cattle Act* in Großbritannien im Jahr 1822, stellt die Tiere in seiner einflussreichen Fußnote der *Introduction to the Principles of Morals and Legislation* (1789) in den Kontext der neuzeitlichen Freiheitsbewegungen der Sklaven und Frauen. Die Ideale der Französischen Revolution, Freiheit, Gleichheit und Brüderlichkeit, strahlen seitdem auf die Tierethik aus, in der sich die Vorstellung von der gleichen Berücksichtigung der Interessen nach und nach durchsetzt.

Um zwischen Mensch und Tier Gerechtigkeit auf der Basis von Interessengleichheit herzustellen, wird die Vernunft depotenziert. Sie wird als Kriterium für die Mitgliedschaft in der egalitären Gerechtigkeitsgemeinschaft durch die Empfindungs- beziehungsweise Leidens- oder Glücksfähigkeit ersetzt. Naturalisierung oder Empirifizierung sowie Individualisierung spielen von jetzt an eine wachsende Rolle in der Ethik. Es gilt ein gleichartiger Anspruch auf den je eigenen »pursuit of happiness«. Aufgrund der Diversifizierung von moralischen Ansprüchen verliert John Stuart Mills Auffassung, dass es besser sei, ein unzufriedener Mensch als ein glückliches Schwein zu sein, an Überzeugungskraft. Seit dem 18. Jahrhundert mehren sich Vergleiche von Tieren mit sogenannten menschlichen Grenzfällen; dieses Marginal-case-Argument wird spätestens mit Bentham programmatisch: »Ist es die Fähigkeit zu denken oder vielleicht die Fähigkeit zu sprechen? Doch ein ausgewachsenes Pferd oder ein erwachsener Hund sind weitaus verständiger und mitteilsamer als ein Kind, das einen Tag, eine Woche oder sogar einen Monat alt ist. Doch selbst, wenn es nicht so wäre, was würde das ändern? Die Frage ist nicht: Können sie *denken*? oder: Können sie *sprechen*?, sondern: Können sie *leiden*?« (Zit. n. Q6: 134f.)

Vor diesem Hintergrund wird die Menschenwürde zu einem tierethischen Reizthema (vgl. Exkurs bei Ach 1999, 159–180), in deren Namen seit stoischen Zeiten Tiere ausgebeutet und gequält wurden. Das erhellt, warum Tierethiker, die eine nichtmetaphysische und gerechtigkeitsethische Begründung für eine Tierethik auf empirischer Basis suchen, entweder Würde- und Personstatus des Menschen negieren oder aber diesen auf nichtmenschliche Lebewesen auszudehnen versuchen. Beides geschieht im Namen einer Speziesismuskritik. Auf jeden Fall wird ein dem Menschen gleicher oder wenigstens vergleichbarer »moralischer Status« behauptet, manchmal auch unter Bezeichnungen wie »inhärenter Wert«, »Selbstzwecklichkeit«, »Eigenwert« oder »Würde der Kreatur« bzw. »Würde des Tieres«. (Vgl. Kunzmann 2007)

Tierrechtsethiker in kantischer Tradition: Leonard Nelson und Tom Regan

Kant hat in der Neuzeit die Würde des Menschen ausschließlich mit der Autonomie des moralischen Personseins verbunden. Zugleich hat er mithilfe der vollkommenen Pflichten gegen sich selbst Verantwortungspflichten für Tiere in sein Konzept von moralischer Autonomie und damit von Personwürde integriert. Doch diesem Weg folgt der Göttinger Philosoph der psychologisierenden Kant-Schule, Leonard Nelson (1882–1927), in seinem *System der philosophischen Ethik und Pädagogik* nicht. Wie Schopenhauer verwirft er die Möglichkeit von Pflichten gegen sich selbst mit dem Argument, alle Pflichten seien Pflichten gegen andere, und fordert direkte Gerechtigkeitspflichten gegen Tiere (§§ 65–67). Dazu transformiert Nelson die kantische Ethik in eine Interessenethik und definiert zentrale Begriffe neu. Insbesondere entkoppelt er Pflichtsubjekt und Rechtssubjekt, um so Kants Rechte-

Pflichten-Symmetrie aufzulösen, nach der nur Wesen, die prinzipiell über das Vermögen von Pflichtbewusstsein verfügen, auch Rechtsansprüche besitzen. Nelson subsumiert Tiere als Interessenträger unter den Begriff der (Rechts-)»Person«, sodass sie Anspruch darauf haben, dass ihre »Interessen« beachtet werden. »Interesse« definiert er als »Vermögen, den Dingen einen Wert oder Unwert zu erteilen« (§ 44), ohne ein begriffliches Urteilsvermögen besitzen zu müssen. Person ist, wer für »Lust und Unlust empfänglich ist« (§ 46). Daher sind alle Personen als Träger sinnlicher Interessen Rechtssubjekte, einige dieser Personen sind darüber hinaus aber auch noch Pflichtsubjekte, weil sie als vernünftige Wesen wissen können, was es heißt, eine Pflicht zu haben. Nach der Entkoppelung von Pflicht- und Rechtssubjekt und der Erweiterung des Personbegriffs auf Sinnenwesen bindet Nelson den Begriff der Würde nicht – wie Kant – an die Autonomie des Willens, sondern an den Rechtsanspruch auf Beachtung der Interessen. »Nach dem Grundsatz der persönlichen Würde hat jedes Wesen, das Interessen besitzt, jede Person also, einen Anspruch auf Achtung ihrer Interessen. Dieser Anspruch ist das Recht der Person. Jede Person ist also ein Subjekt von Rechten; denn sie ist ihrem Begriff nach ein Subjekt von Interessen.« (§ 46) Interessenträger sind gleichzeitig Träger von Würden, aber moralische Würde ist für Nelson die Würde der Rechtsperson, die selbst nicht mehr über die – nun empirisch nachweisbare – vernünftige Bestimmung ihres Willens (Autonomie) verfügen muss. Würde wird reduziert auf das Fundament von Grundrechtsansprüchen gegenüber anderen, ohne gleichzeitig an den Selbstverpflichtungsanspruch gebunden zu sein. So stärkt Nelson den Schutzcharakter von Würde, indem er von jedem leistungstheoretischen Moment der Würdebestimmung Abstand nimmt, um Tiere als gleichberechtigte Interessenträger in eine Gerechtigkeitsgemeinschaft aufzunehmen, ohne den Grundrechtsanspruch moralisch inkompetenter Menschen auf Achtung ihrer Personenwürde zu schmälern.

Ähnlich wie Nelson, dessen Position schon früh in der neuen Tierrechtsdebatte präsent war (vgl. Godlovitch et al. 1972, 149–155), fühlt sich auch der US-amerikanische Philosoph Tom Regan (geb. 1938) in dem Tierrechtsklassiker *The Case for Animal Rights* (1983, ²2004) von Kants tierethischem »Indirect Duty View« dazu herausgefordert, den Selbstzweckcharakter von Tieren in Form ihres »inhärenten Wertes« zu erweisen, um so »direkte Pflichten« gegen Tiere begründen zu können. Seine Auffassung von »indirekten Pflichten« illustriert Regan durch den Vergleich der Verletzung eines fremden Hundes mit der Beschädigung eines fremden Autos (Q5). In beiden Fällen läge eine direkte Pflichtverletzung nur »gegen« den Eigentümer vor, während der attackierte Hund lediglich als beschädigter Besitz und damit nicht anders als die zertrümmerte Windschutzscheibe eines Autos in den Blick käme, da beide nur unter die Kategorie der »Pflichten in Ansehung« subsumiert würden – eine Lesart, die unter dem Einfluss der im anglophonen Bereich verwurzelten starken Eigentumskonzeption John Lockes steht.
Regan kann sich nicht vorstellen, dass der Verletzbarkeit eines Lebewesens im Rahmen einer besonders qualifizierten Verantwortungspflicht in der Tradition der »indirekten Pflichten« Rechnung getragen werden kann. Um Lebewesen vor unverantwortlichem Handeln schützen zu können, formuliert er das »Postulat« eines »inhärenten Wertes«, der Charakteristika der universalen Menschenwürde trägt: Der inhärente Wert eines Individuums ist weder erwerbbar noch verlierbar und unabhängig vom Nutzen für und von der Einschätzung durch Dritte. Er übernimmt in Regans Konzeption mehrere Funktionen. So begründet er nicht nur gegen Vertragsethiker und Kant direkte Pflichten gegen Tiere; er dient auch gegen die utilitaristische Glückssummenkalkulation als kategorischer Schutz von Individuen, unabhängig von ihren Empfindungszuständen und ihrer jeweiligen Nützlichkeit für das Gesamtwohl. Ferner fungiert er als ontologischer Brückenschlag zwischen Menschen und Tieren, deren psycho-

logische Gemeinsamkeiten Regan mit dem Ausdruck »Subjekt eines Lebens« auf den Begriff zu bringen sucht. (Vgl. Cohen/Regan 2001, 209) Subjekte, die ihr Leben als ihr eigenes erleben, ohne sich dieser Erfahrung noch einmal begrifflich bewusst sein zu müssen, verfügen nach Regan über Überzeugungen, Wünsche, Wahrnehmungen, Erinnerungen und Zukunftsbewusstsein, Emotionalität und Lust- und Schmerzgefühl, Präferenzinteressen, ein Gefühl für die eigene fortdauernde psychophysische Identität in der Zeit und über ein Gefühl für ein eigenes, von Fremdinteressen logisch unabhängiges Wohlergehen.

Diese Liste von Fähigkeiten, die Regan neocartesianischen und behavioristischen Positionen (vgl. Regan 2004, Kap. 1–3) abgerungen hat, ist bis heute Gegenstand der geistes- und sprachphilosophischen Debatte über Tiere. Das epistemologisch anspruchsvolle Kriterium fungiert aber nur als ein hinreichendes, nicht auch als notwendiges Kriterium, um individuellen Lebewesen das Recht auf Respektierung ihres gleichen inhärenten Wertes zuzusprechen und ihre willkürliche Instrumentalisierung zu untersagen. Das Subjektkriterium erfasst zwar nicht wie Nelsons interessenethischer Personbegriff alle Tiere, sondern erstreckt sich zunächst auf Säugetiere. Seine Sinnspitze besteht aber darin, die gerechtigkeitsethische Kluft zwischen Menschen und Tieren zu überbrücken, indem die Messlatte von der artspezifischen Vernunftausstattung – theoretischer wie praktischer – auf individuell nachweisbare empirische Erlebnisfähigkeiten abgesenkt wird. Daher spielt für Regan das Argumentieren mit individuellen menschlichen Grenzfällen (Marginal-case-Argument) eine Rolle. Kinder, Debile, Senile etc. gehören zur Rechtsgemeinschaft, obwohl sie – aufgrund zufälliger empirischer Bedingungen – noch nicht, nicht oder nicht mehr moralisch kompetent sind. Da die Artzugehörigkeit für Regan kein zulässiger moralischer Grund ist und Vernunftfähigkeit offensichtlich nicht vorliegt, klassifiziert er einige Menschen als moralisch nicht kompetente, aber zu respektierende

»moral patients«, andere als moralisch kompetente »moral agents«, eine Unterscheidung, die Nelsons Differenzierung von »Rechtssubjekt« und »Pflichtsubjekt« entspricht. Als einem der Bürgerrechtsbewegung nahestehenden Philosophen liegt es Regan fern, die Grundrechte moralisch inkompetenter Menschen infrage zu stellen, die er unter die »moral patients« subsumiert. Vielmehr versteht er die Tierrechtsethik als integralen Bestandteil einer Menschenrechtsethik und entwickelt seinen Ansatz explizit gegen die utilitaristische Negierung von Grundrechten im Allgemeinen und als Alternative zu Peter Singers Tierbefreiungsethik im Besonderen. Das Konzept des inhärenten Wertes erlaubt es Tieren als »moral patients«, an Grundrechten zu partizipieren, ohne Kants Bedingung der Rechte-Pflichten-Symmetrie zu erfüllen. So erweitert Regan die traditionell exklusiv anthropozentrische Gerechtigkeitsethik für Vernunftwesen um moralisch inkompetente animalische Erfahrungssubjekte. Als natürliche Mitglieder dieser neu definierten Gerechtigkeitsgemeinschaft haben Tiere nach Regan einen moralischen Anspruch auf Respektierung ihres gleichartigen inhärenten Wertes (»respect principle«) und – davon abgeleitet – darauf, nicht geschädigt zu werden (»harm principle«). Das »respect principle« versteht Regan als Instrumentalisierungsverbot und leitet als spezifische moralische Rechte der Tiere die kategorischen Verbote von Tierversuchen, kommerzieller Nutztierhaltung und kommerzieller Jagd ab.
Problematisch ist, dass Regans Forderung ethisch unbegründet bleibt, denn warum sollen wir einen nur »postulierten«, nicht aber seinerseits begründet ausgewiesenen sogenannten inhärenten Wert überhaupt respektieren, und zwar in dem weitgehenden Sinn eines totalen Instrumentalisierungsverbots? Unklar bleiben auch die Kriterien für die Identifizierung von »Subjekten eines Lebens« (vgl. Birnbacher 2006, 234 ff.). Mit der Unterscheidung von »moral agent« und »moral patient« sowie der Zweiheit des fundamentalen gerechtigkeitsethischen »respect principle« und des davon

abgeleiteten »harm principle« (Regan 2004, Kap. 7) zeigt Regans Tierrechtsansatz formal Kontinuitäten zur neuzeitlichen Naturrechtstradition von Pufendorf bis Kant, wenngleich er - wie schon Nelson - deutliche Schritte in den Bereich empirischer Definitionen unternimmt (vgl. von der Pfordten 1996, 141-149). Die Begriffe »moral patient« oder »moral rights« dienen fortan vielen tierethischen Ansätzen dazu, die kantische Rechte-Pflichten-Symmetrie aufzubrechen. Die rechtsphilosophische Diskussion der von den sogenannten »moralischen Rechten« verschiedenen »juridischen Rechte« nichtmenschlicher Naturwesen ist eigene Wege gegangen, die hier nicht mehr verfolgt werden können. (Vgl. von der Pfordten 1996, 291-303; Caspar 1999; kritisch Hoerster 2004, 95-104.)

Befreiung statt Rechte – Peter Singers utilitaristische Interessenethik

Nicht an eine Gerechtigkeitstheorie kantischen Typs, sondern an Benthams pathozentrischen Utilitarismus knüpft Peter Singer (geb. 1946) an - der eigentliche Begründer der modernen Tierethik. Seine tierethisch grundlegenden Monografien *Befreiung der Tiere* und *Praktische Ethik* sowie die von ihm edierten Sammelbände *Animal Rights and Human Obligations* (zus. mit Tom Regan 1976), *In Defence of Animals* (1985) und *The Great Ape Project* (zus. mit Paola Cavalieri 1993) gehören zur Basisliteratur der modernen Tierethik.

Der Gleichheitsgedanke ist der grundlegende Ausgangspunkt für Singers Ethik. Im Rückgriff auf die benthamsche Emanzipationsrhetorik fordert er die Erweiterung des Prinzips der gleichen Interessenabwägung »über unsere Spezies hinaus« (Singer 1994, 83), und zwar auf all jene Wesen, die aufgrund der »Fähigkeit zu leiden und sich zu freuen« überhaupt Interessen haben können. Die »Grenze der Empfindungsfähigkeit« markiert für Singer die Grenze der Ethik, die bei jenen

Tieren erreicht ist, die über kein zentrales Nervensystem verfügen: »Ist ein Wesen nicht leidensfähig oder nicht fähig, Freude oder Glück zu erfahren, dann gibt es nichts zu berücksichtigen. Deshalb ist die Grenze der Empfindungsfähigkeit [...] die einzig vertretbare Grenze für die Rücksichtnahme auf die Interessen anderer. Diese Grenze durch irgendwelche anderen Merkmale wie Intelligenz oder Rationalität festsetzen hieße sie willkürlich festsetzen.« (Singer 1994, 85) Allerdings begründet die bloße Empfindungsfähigkeit lediglich ein Verbot der Schmerzzufügung. Moralische Gründe gegen eine Tötung finden sich erst, wenn das empfindungsfähige Lebewesen auch eine bewusste Präferenz für sein Weiterleben hat. Singer vertritt also einen Präferenzutilitarismus, durch den zwei Klassen innerhalb der »moral community« konstituiert werden: eine Klasse nur empfindungsfähiger Lebewesen, die ein Interesse an Schmerzfreiheit besitzen, aber jederzeit schmerzlos getötet werden dürfen, und eine zweite Klasse von selbstbewussten Lebewesen, Personen genannt, die darüber hinaus auch ein Interesse an der Fortdauer ihrer Existenz haben und daher nicht einfach getötet werden dürfen. Singer erweitert nicht nur den Kreis der Personen um zumindest diejenigen Tierarten, deren Vertreter ein Zukunftsbewusstsein zeigen – womit er den Kreis der Personen enger zieht als Nelson –, er bestreitet auch unter Berufung auf Locke den Personstatus mancher Menschen. So ordnet er menschliche Säuglinge der Klasse nur empfindungsfähiger Lebewesen zu, und menschliche Embryonen liegen für ihn jenseits der Grenze der Empfindungsfähigkeit, sodass sie moralisch irrelevant seien. Singers Erweiterung von Nelsons und Regans Formel: ›Nicht *nur* Menschen sind Personen‹ um die vermeintlich auf Locke gestützte Version: ›Nicht *alle* Menschen sind Personen‹, birgt ethischen Sprengstoff.

Als einer der Vordenker der Menschenrechtsidee hatte John Locke die Menschenrechte schöpfungstheologisch begründet und als universale, allen Menschen zukommende Rechte an den Begriff des Menschen gebunden. Den Begriff der Person hatte Locke im Bedeutungsumfang enger definiert, um ihn als Zurechnungsinstanz für Handlungen und somit als strafrechtlich relevanten Begriff einzuführen. Singer bestreitet als Utilitarist jedoch die Existenz vorpositiver universaler Menschenrechte und lehnt die Rede von Rechten der Individuen generell ab. (Vgl. Singer 1994, 129 ff.) Ferner bindet er ein nur prima facie geltendes direktes Tötungsverbot an die Bedingung des Personenstatus. Er beabsichtigt zwar, »den Status der Tiere zu heben, nicht aber, den der Menschen zu senken«, spielt aber andererseits konsequent das Marginal-case-Argument aus: »Ich möchte nicht vorschlagen, geistig behinderte Menschen mit Lebensmittelfarben zwangszuernähren, bis die Hälfte von ihnen stirbt - obwohl uns dies sicherlich exaktere Hinweise dafür gäbe, ob eine Substanz für Menschen ungefährlich ist, als es die Versuche mit Kaninchen und Hunden vermögen. Ich möchte allerdings unsere Überzeugung, daß es unrecht wäre, geistig behinderte Menschen so zu behandeln, gern auf nichtmenschliche Lebewesen übertragen wissen, die auf einer ähnlichen Stufe des Selbstbewußtseins stehen und ähnliche Leidensfähigkeit besitzen.« (Singer 1994, 109 f.)

Interessenethik und Tötungsfrage

Ob das Tier ein Gegenwartsgeschöpf ist oder ob es zumindest ein Zukunfts- oder sogar ein Todesbewusstsein hat, entscheidet in manchen Tierethiken über die Legitimität der Tötung spezifischer Tiere beziehungsweise Tierarten. Menschenaffen stellen im Allgemeinen die Gruppe tierethisch unkontroverser animalischer Anwärter für einen erweiterten Lebensschutz dar. Ob aber weitere Tiere einen solchen Anspruch geltend machen können, hängt oft davon ab, ob sie als pures Gegenwartsgeschöpf eingeschätzt werden oder ob ihr Verhalten Anzeichen eines die Gegenwart transzendierenden Lebenswillens aufweist oder sogar ein zeichen-

sprachlich vermitteltes Todesbewusstsein nahelegt. (Vgl. Patterson/Gordon in Cavalieri/Singer 1994, 108f.)
In Singers zweistufigem Präferenzutilitarismus wird das Tötungsverbot und ein ihm korrespondierender starker Anspruch auf Lebensschutz, jedoch kein absolutes Lebensrecht (vgl. von der Pfordten 1996, 135) unter Rückgriff auf John Lockes Persondefinition an die Fähigkeit einer Transzendierung des bloßen Gegenwartsbewusstseins geknüpft. Michael Tooley war einer der Ersten, die den Voraussetzungscharakter des Lebensrechtes für alle anderen Rechte bestritten und es derart aus hierarchisch geordneten Grundrechtskatalogen herauslösten, um für die Legitimität von Abtreibung und Kindstötung zu plädieren und zugleich tierethische Konsequenzen seiner Argumentation anzudeuten. Danach hat ein bloß empfindungsfähiges, nicht selbstbewusstes Wesen, etwa ein Kätzchen oder ein Säugling, zwar einen moralischen Anspruch darauf, nicht gequält zu werden, seine schmerzlose Tötung ist hingegen moralisch ohne Belang. Säuglinge und Kleinkinder verlieren so ihren grundlegenden Menschenrechtsschutz, der ohnehin unter Metaphysik- und Speziesismusverdacht steht. Seinem Jahre später nachgetragenen »speziellen Interessenprinzip« entsprechend, ist es »eine begriffliche Wahrheit, daß ein Wesen kein spezielles Recht *R* haben kann, wenn es nicht über ein Interesse *I* verfügt, das durch Besitz des Rechts *R* gefördert wird« (Tooley 1990, 188). Vorbedingung für das Lebensrecht eines Lebewesens ist nach Tooley das Interesse am Weiterleben. Als Vorbedingung für den Besitz eines Lebensinteresses beruft er sich wiederum auf Lockes Persondefinition.
Tooleys »spezielles Interessenprinzip« ist zu unterscheiden von dem allgemeinen »Interesse-Prinzip«, das der Interessenethiker Joel Feinberg in seinem berühmten Aufsatz *The Rights of Animals and Unborn Generations* (1980) formuliert hat. Es lautet: »Zu den Wesen, denen man Rechte zusprechen *kann*, gehören genau jene, die Interessen haben (oder haben können).« (Q2: 151) Feinbergs »Interesse-Prin-

zip« versteht sich als »begriffsanalytische These«, mit der geklärt werden soll, »welche Wesen überhaupt moralische Rechte haben können« (Ach 1999, 54). Feinberg nimmt Tiere, Pflanzen, biologische Arten, Verstorbene, »dahinvegetierende Menschen«, Föten und zukünftige Generationen in den Blick und kommt zu dem Ergebnis: »Ohne Bewußtsein, Erwartungen, Überzeugungen, Strebungen, Ziele oder Zwecke kann kein Wesen Interessen haben; beim Fehlen jeglicher Interessen kann man ihm nichts Gutes tun; und wenn man ihm nichts Gutes tun kann, ist es kein möglicher Träger von Rechten. Nichtsdestoweniger mag es Dutzende von anderen Gründen dafür geben, es so zu behandeln, als besäße es diese Rechte.« (Q2: 166) »Ein Recht haben bedeutet«, so Feinberg, »*auf* etwas *gegenüber* irgend jemandem einen Anspruch haben, dessen Anerkennung entweder durch Gesetze oder, wie im Fall moralischer Rechte, durch die Prinzipien eines aufgeklärten Gewissens gefordert wird.« (Q2: 141) Ein moralischer Rechtsanspruch wird nach Feinberg schon durch ein Interesse im Sinne einer schwachen Erkenntnisfähigkeit (auf etwas für sich selbst Bedeutsames aus sein können) konstituiert, damit ein Recht *um des Interesses dieses Wesens selbst willen* respektiert werden kann. Nicht notwendig ist es, dass dieses Wesen um seinen Rechtsanspruch wissen oder ihn gar selbst geltend machen können muss, wie Feinberg gegen Henry John McCloskey festhält (Q2: 148), und schon gar nicht, dass es selbst pflichtfähig sein muss. Insofern argumentiert Feinberg mit den »moralischen Rechten« für so etwas wie einen »natürlichen« Rechtsanspruch, wodurch der analytische Rechtstheoretiker utilitaristischer Herkunft in die Nähe naturrechtlicher Argumentationen rückt. Wenn Feinberg in seinem »Interesse-Prinzip« jedoch von »zusprechen« redet und dabei das »*kann*« betont (Q2: 151) und es ferner für »unvernünftig« hält, Tieren »in gleicher Weise wie dem Menschen ein Recht auf Leben einzuräumen« (Q2: 158), dann rückt er wieder von einer naturrechtlichen Anerkennung vorpositiv gegebener unbeliebiger moralischer Rechte ab zugunsten einer Zuerkennungstheorie. Die »Prinzipien eines aufgeklärten Gewissens« scheinen nicht zwingend zur Anerkennung moralischer Rechte zu führen. Offen bleibt, welchen Begründungsstatus sie dann überhaupt innehaben. – Dennoch: Feinberg betrachtet Tiere (wie auch zukünftige Generationen) qua Interessebesitz als aussichtsreiche Anwärter für die Möglichkeit, Rechte zu haben.

Ab Ende der 1970er-Jahre macht der Sprachanalytiker Raymond Frey Front gegen die moderne Tierethik. 1980 erscheint sein Buch mit dem programmatischen Titel *Interest and Rights. The Case Against Animals*. Schon in einem Aufsatz spricht er Tieren »Rights, Interests, Desires and Beliefs« (Q5) ab. Nelsons und Feinbergs Argumente bestreitet Frey grundlegend und führt dazu die sprachliche Unterscheidung ein, ob y lediglich *im Interesse* eines Lebewesens x *ist* oder ob ein Lebewesen x *ein Interesse* an y *hat*. Frey prüft beide Fälle, um Tieren schließlich beide Formen von Interessen abzusprechen. Er konzipiert die schwache Form, da x im Interesse von y ist, so weit, dass sie metaphorische Redeweisen umfasst wie: dass es im Interesse eines Traktors liegt, geölt zu werden. Daraus moralische Ansprüche des Traktors abzuleiten, ist tatsächlich absurd. Interessen im starken Sinne bindet Frey hingegen an den Besitz von Sprache. Tiere unterscheiden sich in Freys neocartesianischem Ansatz weder theoretisch noch moralisch von unbelebten Gegenständen.

Tom Regan unterzieht Freys Argumentation einer ausführlichen Kritik, die darin gipfelt, dass in Freys Analyse sogar das Erlernen des Sprachgebrauchs von Kindern unerklärlich bleibe. (Regan 2004, bes. 37–60; vgl. Ach 1999, 86–99) Dieter Birnbacher folgt zwar Freys Unterscheidung von schwachen und starken Interessen, nicht aber seinen Schlussfolgerungen in Bezug auf Tiere. Er definiert schwache Interessen anspruchsvoller und bindet sie an die Bedingung von Bewusstsein beziehungsweise Empfindungsfähigkeit. Interessen im starken Sinne werden hingegen in Anlehnung an Lockes Persondefinition schwächer definiert. (Birnbacher 2006) Für Tierethiker ist das Kriterium der Empfindungsfähigkeit viel zu gewichtig, als dass sie sich durch neocartesianische Positionen wie die von Frey oder Carruthers nachhaltig beeindrucken ließen. Andererseits zeigt der sprachanalytische Disput über die Frage, von welchen Entitäten sinnvoll ausgesagt werden könne, dass etwas in ihrem Interesse sei, eindrucksvoll die Grenzen einer metaethischen Analyse von Sprachgewohnheiten des Alltags. (Vgl. von der Pfordten 1996, 153f.) Während sich Freys Sprachempfinden nicht gegen die Anwendung des Interessebegriffs auf einen Traktor sträubt, weil der Ausdruck für ihn ohnehin nur metaphorischen Charakter hat, verbinden Pflanzenethiker einen essenziellen Sinn mit der Aussage, der Baum habe ein Interesse daran, gewässert zu werden. Dies ist nun wieder eine Kakofonie in den Ohren sentientistischer Tierethiker, die den Besitz eines auch nur schwachen Interesses an die Bedingung der Empfindungsfähigkeit gebunden wissen wollen. Sentientistische Positionen knüpfen ein tierisches Lebensrecht beziehungsweise ein Tötungsverbot sogar an die anspruchslosere Voraussetzung der Empfindungsfähigkeit und vertreten damit gleichzeitig einen weitgehenden tierethisch motivierten Vegetarismus, von dem höchstens Tiere ohne zentrales Nervensystem wie Muscheln und Schnecken ausgenommen sind. Sentientistische Positionen vereinen aber wiederum ein Spektrum von Argumentationen und Ethiktypen. So kann der Sentientismus monokriteriell und streng egalitär auftreten wie bei seinem Namensgeber Richard Ryder oder aber unter Berücksichtigung von Selbstbewusstsein als weiteres Kriterium Tötungsverbote unterschiedlicher Strenge ausweisen wie bei Johann S. Ach. Ferner spielt das Kriterium der Empfindungsfähigkeit als Begründung für ein Tötungsverbot in unterschiedlichen Ethiktypen eine Rolle. So kann es im Rahmen einer utilitaristischen Ethik (J.-C. Wolf), einer Mitleidsethik (U. Wolf) oder von einem Moral-Rights-Ethiker wie Regan vertreten werden. Anders als die Selbst-, Zukunfts- oder Todesbewusstseinskriteriologien sind streng sentientistische Ethiken nicht im Zugzwang, die fundamentale Position des Lebensrechts aufgeben zu müssen. Die mit dem Lebensrecht verbundene Anspruchsstärke kann jedoch variieren von einem Prima-facie-Recht bis hin zu einem Grundrecht im strengen Sinne.

Sind wir Speziesisten?

»Die meisten Menschen sind Speziesisten«, lautet Peter Singers vernichtendes Urteil über die ethische Beziehung zwischen Mensch und Tier, und zwar in Geschichte und Gegenwart. (Singer 1982, 28) Er verbindet mit dem neuen Terminus »Speziesismus«, der von Anbeginn an zwischen den Funktionen, analytisches Werkzeug und polemische Waffe zu sein, oszilliert, den Vorwurf einer ungerechtfertigten Bevorzugung von Menschen vor »anderen« Tieren sowohl im Alltagshandeln als auch in der ethischen Reflexion. Schon hier wird deutlich, dass Singer die Bedeutung von »Mensch« auf eine rein deskriptive biologische Artbezeichnung reduziert und keine Wertkonnotation zulässt. Mit »Speziesismus« diagnostiziert er die Grundkrankheit in der moralischen Einstellung zu (nichtmenschlichen) Tieren. Das Speziesismusproblem ist also gewissermaßen ein ethisches Analogon zum epistemischen Anthropomorphismusproblem in der Tierpsychologie und -philosophie.

Fraglich ist, ob und inwiefern Singers aktuelle und historische Ursachenanalyse zutrifft, dass Menschen Tiere allein aufgrund ihrer Zugehörigkeit zu anderen biologischen Arten benachteiligen und Menschen wegen der biologischen Gemeinsamkeit bevorzugen. Dem Alltagsverstand, der damals wie heute zwischen moralischem Grund (Teilhabe am göttlichen Verstand und Zielursache, diesen zu verwirklichen) und epistemischem Kriterium (augenscheinliche Artzugehörigkeit) nicht unterscheidet, mag das so vorkommen. Singers Speziesismusvorwurf ist gegenüber einem solchen Alltagsanthropozentrismus systematisch vollkommen berechtigt und wird historisch durch die bereits angesprochene Verschiebung von der stoischen Logozentrik beziehungsweise der christlichen Theozentrik zur stoisch-christlichen Anthropozentrik bestätigt. Gleichzeitig widerspricht die angesprochene Verschiebung Singers Analyse der systematischen Entwürfe in der Theologie- und Philosophiegeschichte. Bis ins 19. Jahrhundert bezeichnete »Mensch« nie einfach ein biologisches, sondern ein zur Humanität bestimmtes Lebewesen, dessen Wesen metaphysisch, theologisch oder naturphilosophisch fundiert wurde. Daher wird zu Recht darauf hingewiesen, dass die »moralische Sonderstellung des Menschen [...] in der Geschichte der Ethik mit Gottesebenbildlichkeit, Personalität, Handlungs-, Vernunft- oder Kommunikationsfähigkeit oder einer geschichtsteleologischen Sonderstellung des Menschen begründet« (L2: 435) wurde – nicht aber mit seiner kruden biologischen Artzugehörigkeit. Die Tatsache einer biologischen Artzugehörigkeit ist nämlich tatsächlich kein Grund für eine moralische Berücksichtigung oder Nichtberücksichtigung. Wer mit dem Satz »Es ist ja nur ein Tier!« Derartiges behaupten wollte, verstieße gegen Humes Verbot, von der Beschreibung eines Sachverhalts (»Das ist kein Angehöriger der Art Homo sapiens«) *ohne Angabe eines moralischen Grundes* zu einer moralischen Sollensforderung (»Dieses Wesen soll moralisch ignoriert werden!«) überzugehen. Es ist Singers Verdienst, die Alltagsanthropozentrik mit dem neuen Begriff »Speziesismus« zur philosophischen Selbstaufklärung anzuhalten und den menschlichen Umgang mit Tieren unter den Anspruch der moralischen Idee gleicher Interessenberücksichtigung gestellt zu haben. Der gesamten Ethiktradition aber eine speziesistische Argumentation zu unterstellen, ist unzutreffend und vernebelt eher eine exakte Ursachenanalyse für den weitgehenden Ausschluss der »unvernünftigen Tiere« in der Geschichte der Ethik, zu der nicht zuletzt die Orientierung an einer falschen Gleichheitsidee beigetragen hat. Darüber hinaus ist Singers polemischer Einsatz des Begriffs gegen die Sonderstellung des Menschen, die im anglophonen Sprachraum oft an dem Ausdruck »Heiligkeit des Lebens« festgemacht wird (Singer 1994, 115 ff.), ethisch fragwürdig, weil er das Grundrecht auf Leben unterminiert.

Singer ist nicht der Erfinder des Begriffs »Speziesismus«, er hat ihn nur popularisiert. Der Begriff wurde 1969 von dem britischen Experimentalpsychologen Richard Ryder in Analogie zu »Rassismus« geprägt und richtet sich gegen jede Diskriminierung und Ausbeutung von Tieren, die mit einer Sonderstellung des Menschen gerechtfertigt wird. Dieses Ineinander von Analyse und Polemik im Bedeutungsgehalt von »Speziesismus« hat Singer von Ryder bereits übernommen. In *Animals, Men, and Morals* (1972), in seiner Monografie *Victims of Science* (1975) und *In Defence of Animals* (1985) liefert Ryder erschreckende Innenansichten über Tierversuchsanordnungen in Tierlaboratorien. Er bekleidete zeitweilig das Amt des Vorsitzenden des »Animal Experimentation Advisory Committee« der *Royal Society for the Prevention of Cruelty to Animals*, des ältesten Tierschutzvereins der Welt, der 1824 in Großbritannien gegründet wurde. In *Painism* (2001) positioniert sich Ryder als »Painist« zwischen dem »Utilitarian« Singer und dem »Rights Theorist« Regan und lehnt einerseits Regans »inhärenten Wert« als metaphysisch ab, andererseits Singers Utilitarismus, weil individueller Schmerz nicht aggregierbar und daher unverrechenbar sei. Aufschlussreich ist nun, mit welchem biologischen Artbegriff der Naturwissenschaftler Ryder seinen Begriff in die philosophische Arena geschickt hat.

»Man is, after all, just one species in the Primate order«, lautet Ryders theoretische Ausgangsthese, die sich durch seine Schriften durchhält. (Godlovitch et al. 1972, 80; Ryder 2001, 45) Allerdings hebt für Ryder die darwinsche Evolution jede essenzielle und biologische Differenz zwischen Mensch und Tier auf. »Species« sei kein präzise definiertes Wort: »There is in fact no single criterion which distinguishes between so-called species«, was durch Hinweise auf die biologische Möglichkeit zur Erzeugung von Hybriden zwischen Angehörigen verschiedener Spezies, zum Beispiel zwischen Löwen und Tigern oder zwischen Primaten, untermauert wird. Selbst die fiktive Kreuzung eines Biologieprofessors mit einem Affen wird bemüht. Ryder bevorzugt das Konzept eines »nominalistischen« Artbegriffs, wonach »Arten« mittels willkürlicher Konvention um der pragmatischen Klassifikation willen mit Namen belegt und differenziert werden. Vertreter eines »biologischen« Artkonzepts wie Ernst Mayr würden dies ablehnen, nicht zuletzt, weil dann Artnamen willkürlich und kontingent wären und die Taxonomie keine natürliche Basis hätte. Wenn für Ryder das evolutionäre Kontinuum keine biologisch gesicherte Unterscheidung von Arten zulässt und empirisch die reale oder fiktive Kreuzbarkeit verschiedener »so called species« möglich ist, fragt Ryder folglich in praktisch ethischer Absicht: »Why do we still make an almost total distinction morally?« (Godlovitch et al. 1972, 80) Wenn es moralisch falsch sei, unschuldige Menschen anderer Hautfarbe zu diskriminieren, müsse dies auch in Bezug auf »innocent individuals of other species« gelten, argumentiert Ryder, indem er Rassismus und Speziesismus parallelisiert. Wer das Verbot von Grausamkeit nur auf die eigene Spezies beziehungsweise die gesamte Menschheit beziehe, trage die Begründungslast und müsse zeigen, dass die Spezies Mensch biologisch von anderen Tieren völlig verschieden sei, um dann auf dieser Basis ein ethisches Argument zu entwickeln. Offensichtlich begeht Ryder den humeschen Sein-Sollens-Fehler. Denn im Gegensatz zu Singer, der die ethische Relevanz eines jeden biologischen Artbegriffs bestreitet und stattdessen auf die aktuellen Interessen der Individuen rekurriert, bezieht sich Ryder auf positive Weise auf einen – letztlich nominalistischen – Artbegriff, um von dorther moralische Gründe für die Nichtberechtigung von Artunterscheidungen zu gewinnen.

Selbst wenn man sich trotz des Verstoßes gegen Humes Verdikt und angesichts der theoretischen Umstrittenheit der biologischen Artbegriffe probeweise auf Ryders naturalistische Argumentation einließe, bliebe die Frage, was dieser Ansatz für seinen Sentientismus beziehungsweise »Painism« leistet. Wäre vor dem Hintergrund eines evolutionären Kontinuums die Berufung auf Empfindungsfähigkeit nicht ebenfalls willkürlich, wenn nur schmerzfähigen Individuen einer Grundgesamtheit höherer Tiere ein moralischer Status eingeräumt wird? Würde Ryders »Painism« nicht in Analogie zum »Speciesism« nur willkürlich eine bestimmte »natürliche« Eigenschaft einer vermeintlich diskreten Gruppe auf das zu kritisierende Niveau einer essenzialistischen Spezies erheben? Müsste zudem nicht ein konsequenter Naturalismus auf der Basis eines nominalistischen Speziesbegriffs angesichts einer kontinuierlichen Evolution in einen ethischen Egalitarismus *aller* Naturwesen einmünden? Der Versuch, den Speziesbegriff zugleich polemisch und als ethisches Argument zu nutzen, unterminiert letztlich jede Form von Differenzierung in der theoretischen und praktischen Philosophie.
Auch Richard Dawkins möchte mithilfe von Darwins Evolutionstheorie die »Barrieren im Kopf« der dem speziesistischen Imperativ folgenden Menschen, die eigentlich nichts anderes als eine Art von »Afrikanischen Menschenaffen« seien, niederreißen, ebenso wie Jared Diamond durch seine Klassifikation des Menschen als »Dritten Schimpansen« (beide in Cavalieri/Singer 1994). Das Argument von der starken naturgeschichtlichen Verwandtschaft von Mensch und Tier beziehungsweise der »Vorteil« von gut einem Prozent im Vergleich zum Menschenaffengenom unterstützt die naturalistische Relativierung der moralischen Sonderstellung des Menschen im Sinne des Speziesismusvorwurfs, womit Ethik auf empirische Biologie reduziert wird. Programmatisch in diesem Sinne argumentiert auch James Rachels' *Created from Animals. The Moral Implications of Darwinism* (1990). Dass die paradigmatisch aufgezeigte Allianz biologisch argu-

mentierender Ethiker und philosophierender Biologen im Komplex Speziesismus außerdem unterschiedliche Perspektiven miteinander vermengt, wird auch durch die sprachphilosophische Analyse bestätigt. Einerseits wird der erstpersonale Akteur als »Individuum«, das irreduzibel Handlungsverantwortung übernimmt, andererseits das drittpersonal beschreibbare »Exemplar« Mensch einer Art in naturwissenschaftlicher Einstellung thematisiert. (Gethmann 1998)

Epilog: Was darf das Tier hoffen?

Diese klassische religionsphilosophische Frage lässt Ausführungen zur Einbeziehung der Tiere in ein jenseitiges Heil erwarten. In der Tat wurde auch die Transzendenzfähigkeit des Tieres in der Geschichte der Metaphysik und der christlichen Theologie ernsthaft behandelt, wenngleich die Antworten zwei Jahrtausende lang meist negativ ausfielen. Dass der aufrecht gehende Mensch das einzige philosophische und gottgläubige Tier sei, hatte schon Diogenes von Apollonia entschieden, da dem Tier der himmelwärts gerichtete Blick fehlte. Der in der griechischen Philosophie aus der irdisch gebeugten Tiergestalt gezogene und von der christlichen Theologie übernommene Schluss lautete daher: Wenn dem Tier schon morphologisch jeglicher Sinn fürs Göttliche fehlt, dann muss sich Gott auch nicht um das individuelle Tier kümmern. So bleibt dem Tier nur die Hoffnung auf ein Diesseits von Eden - aber welche?

Nach der neuzeitlichen Wende zum Subjekt kann sich eine Hoffnung der Tiere, sofern Geistesanalyse und Sprachphilosophie es zulassen, nur auf den Menschen richten. Die Voraussetzung für eine aussichtsreiche Hoffnung der Tiere auf moralische Berücksichtigung besteht nun darin, dass sich »der Mensch« nicht in theoretischer, sondern in moralischer Hinsicht - als moralische Person - identifiziert, das heißt als Verantwortungssubjekt und nicht bloß als ein weiteres Tier unter Tieren. Philosophisch kann über die theoretische Gleichheitsfrage »Wer ist so wie wir?« trefflich gestritten werden. Man wird - zum Schaden von Mensch und Tier gleichermaßen - die intellektualistische Kluft zwischen Mensch und Tier zementieren. Die Frage birgt aber auch eine Chance zur Entdeckung empirischer Gemeinsamkeiten und von Analogien, die wichtige Anhaltspunkte für die Ausgestaltung einer integrativen Bioethik liefern. Wer wollte beispielsweise die vergleichbare Verletzbarkeit und Manipulierbarkeit von Menschen und höheren Tieren leugnen, die auf der empirisch feststellbaren Ähnlichkeit von neuronalen, anatomischen, psychobiologischen, aber auch morphologischen, histologischen und genetischen Strukturen beruhen? In Tierexperimenten sind diese Ähnlichkeiten seit Jahrtausenden für die Erweiterung medizinischer und biologischer Erkenntnisse ausgenutzt worden. In der Anerkennung dieser Fakten liegt jedoch auch die verantwortungsethische Möglichkeit für einen schützenden und regenerierenden Umgang mit den Verletzbarkeiten von Menschen und Tieren. So weit führt das ambivalente Potenzial der theoretischen Gleichheitsfrage.

In moralphilosophischer Hinsicht führt die Gleichheitsfrage jedoch in eine Sackgasse. Wenn der Mensch nichts weiter als ein Tier unter Tieren sein will, verleugnet er die Besonderheit seiner moralischen Subjektivität. Auf wen sollte eine Hoffnung der Tiere noch gerichtet sein, wenn es kein exklusives moralisches Subjekt mehr gibt? Wer soll nach der naturalistischen Nivellierung des Menschen zum Tier noch in die ethische Verantwortung genommen werden können? Die Chance für eine Hoffnung der Tiere liegt daher in einer diesseitigen politischen Utopie, die die Menschenwürde bejaht, aber zugleich einem »expandierenden Humanismus« (Ingensiep 2006) voranstellt, der nicht nur Menschen, sondern »auch die Tiere« (Art. 20a Grundgesetz) seriös in das Rechtssystem einbezieht. Wer die Vorzüge eines Hoheitstitels genießt, muss sich auch der damit verbundenen Verantwortung stellen. Daher liegt alle Hoffnung der Tiere in der Menschlichkeit des Menschen.

Kommentierte Bibliografie

»W« kennzeichnet klassische Werke, »L« Lexika und Wörterbuchartikel, »Q« Quellentextbände, also solche, die in der Regel keine Originalbeiträge bieten, sondern klassische Texte (in Übersetzung) versammeln. Um die Literaturliste nicht ausufern zu lassen, wurden Artikel aus den angeführten Quellentextbänden nicht mehr eigens unter dem Namen des jeweiligen Verfassers aufgeführt.

Klassische Werke, Werkausgaben und Reprints (= W)

W1: Antoine Le Grand: Dissertatio de carentia sensus et cognitionis in brutis. London 1675. A Dissertation of the Want of Sense and Knowledge in Brutes. Übers. v. R. Blome in: An Entire Body of Philosophy According to the Principles of the Famous Renate Des Cartes in Three Books by Antoine Le Grand. London 1694, Johnson Reprint Corporation, New York, London 1972.

W2: Aristoteles: Nikomachische Ethik. Übers. u. Nachwort v. F. Dirlmeier. Stuttgart 1990.

W3: Pierre Bayle: Historisches und critisches Wörterbuch. 4 Bde. Rotterdam 1695–1697. Übers. v. J. C. Gottsched, Leipzig 1741 bis 1744. Repr. Hildesheim / New York 1978.

W4: Marcus Tullius Cicero: Vom Wesen der Götter (De natura deorum). Nach der Ausgabe von Johann Hermann von Kirchmann bearbeitet von H.-J. Steffen. Bibliothek der Philosophie. Bd. 16. Essen o. J.

W5: Christian Adam Dann, Albert Knapp: Wider die Tierquälerei. Frühe Aufrufe zum Tierschutz aus dem württembergischen Pietismus. Hg. v. M. H. Jung. Leipzig 2002. Reihe: Kleine Texte des Pietismus (KTP). Bd. 7.

W6: René Descartes: Abhandlung über die Methode des richtigen Vernunftgebrauchs. Stuttgart 2002.

W7: Wilhelm Dietler: Gerechtigkeit gegen Thiere. Appell von 1787. Repr. Bad Nauheim 1997.

W 8: Diogenes Laertius: Leben und Meinungen berühmter Philosophen. Philosophische Bibliothek. Bd. 53/54. Hamburg ^{2}1967.

W 9: Johann Wolfgang Goethe: Sämtliche Werke. Münchner Ausgabe. München 1991.

W 10: Lewis Gompertz: Moral Inquiries on the Situation of Man and of Brutes. Hg. v. P. Singer. Fontwell, Sussex 1992.

W 11: Thomas Hobbes: Vom Menschen. Vom Bürger (Elemente der Philosophie II/III). Eingel. u. hg. v. G. Gawlick. Philosophische Bibliothek. Bd. 158. Hamburg 1959.

W 12: David Hume: Ein Traktat über die menschliche Natur. Buch II und III. Über die Affekte. Über Moral. Übers. v. Th. Lipps. Philosophische Bibliothek. Bd. 283b. Hamburg 1978.

W 13: David Hume: Eine Untersuchung über die Prinzipien der Moral. Übers., eingel. u. hg. v. M. Kühn. Philosophische Bibliothek. Bd. 511. Hamburg 2003.

W 14: Kants Gesammelte Schriften. Hg. v. der Königlich Preußischen Akademie der Wissenschaften. Berlin 1902 ff. (zit. mit röm. Bd.-Nr.).

W 15: Immanuel Kant. Vorlesung zur Moralphilosophie. Hg. v. W. Stark. Berlin 2004.

W 16: Oskar Pfungst: Das Pferd des Herrn von Osten (Der kluge Hans). Ein Beitrag zur experimentellen Tier- und Menschen-Psychologie. Leipzig 1907. Repr.: Der Kluge Hans. Ein Beitrag zur nicht-verbalen Kommunikation ^{2}1977, ^{3}1983.

W 17: Humphrey Primatt: The Duty of Mercy and the Sin of Cruelty to Brute Animals. Hg. v. R. D. Ryder. Fontwell, Sussex 1992.

W 18: Henry S. Salt: Die Rechte der Tiere. Übers. v. G. Krüger. Berlin 1907.

W 19: Arthur Schopenhauer. Sämtliche Werke. Nach der ersten von Julius Frauenstädt besorgten Gesamtausgabe neu bearb. u. hg. v. A. Hübscher. Leipzig 1939.

W 20: Albert Schweitzer: Kultur und Ethik. Kulturphilosophie. Zweiter Teil. In: Gesammelte Werke. Bd. II. Hg. v. R. Grabs. München 1974.

W 21: Thomas von Aquin: Summa Theologica. Die deutsche Thomas-Ausgabe in 36 Bänden. Lat.-dt. Hg. v. Albertus-Magnus-Akademie. Heidelberg/Graz/Wien/Köln 1933 f.

Neuere Lexikon- und Handbuchartikel, einschlägige Lexika (= L)

L1: Baranzke, Heike: Art. »Tierethik«. In: Handbuch Ethik. Hg. v. M. Düwell, M. H. Werner, C. Hübenthal. Stuttgart ²2006, 288–292.

L2: Düwell, Marcus: Art. »Moralischer Status«. In: Handbuch Ethik. Hg. v. M. Düwell, M. H. Werner, C. Hübenthal. Stuttgart ²2006, 434–439.

L3: Goetschel, Antoine F.; Gieri Bolliger: Das Tier im Recht. 99 Facetten der Mensch-Tier-Beziehung von A bis Z. Zürich 2003.

L4: Historisches Wörterbuch der Philosophie (HWP). 12 Bde. Hg. v. J. Ritter, K. Günter, Basel/Stuttgart 1971 ff.

L5: Lexikon der Bioethik. 3 Bde. Hg. v. W. Korff u. a., Gütersloh 2000.

L6: Nida-Rümelin, Julian; Dietmar von der Pfordten: Tierethik I und II. In: Julian Nida-Rümelin (Hg.): Angewandte Ethik. Die Bereichsethiken und ihre theoretische Fundierung. Stuttgart 1996, 458–509.

L7: Teutsch, Gotthard M.: Lexikon der Tierschutzethik. Göttingen 1987.

L8: Warren, Mary Anne: Art. 32: »Moral Status«. In: R. G. Frey, C. H. Wellman (Hg.): A Companion to Applied Ethics. Malden, MA/Oxford, UK/Berlin 2003, 439–450.

Kommentierte Quellentextsammlungen (= Q)

Q1: Baranzke, Heike; Franz-Theo Gottwald; Hans Werner Ingensiep (Hg.): Leben – Töten – Essen. Anthropologische Dimensionen. Stuttgart/Leipzig 2000. (Ausf. eingel. Textauszüge von der Antike bis zur Gegenwart.)

Q2: Birnbacher, Dieter (Hg.): Ökologie und Ethik. Stuttgart 1980. (Vorwiegend zeitgenössische klassische Artikel anglophoner Philosophen in dt. Übersetzung.)

Q3: Bondolfi, Alberto: Mensch und Tier. Ethische Dimensionen ihres Verhältnisses. Freiburg, Schweiz 1994. (Textauszüge und Artikel von der Antike bis zur Gegenwart.)

Q4: Ferry, Luc; Claudine Germé: Des Animaux et des hommes. Anthologie des textes remarquables, écrits sur le sujet, du XVe siècle à nos jours. Paris 1994. (Vielzahl neuzeitlicher Texte zu

»Tierseele«, »Tierethik«, »Tierprozessen«, »Tierrechten« und »Tierschutzgesetzgebung«, vornehmlich der französischen Tradition.)

Q5: Krebs, Angelika (Hg.): Naturethik. Grundtexte der gegenwärtigen tier- und ökoethischen Diskussion. Frankfurt am Main 1997. (Vorwiegend zeitgenössische klassische Artikel anglophoner Philosophen in dt. Übersetzung.)

Q6: Linnemann, Manuela (Hg.): Brüder, Bestien, Automaten. Das Tier im abendländischen Denken. Erlangen 2000. (Textauszüge von der Antike bis zur Gegenwart sowie Lit.)

Q7: Perler, Dominik; Markus Wild (Hg.): Der Geist der Tiere. Philosophische Texte zu einer aktuellen Diskussion. Frankfurt am Main 2005. (Vorwiegend klassische Artikel aus der anglophonen sprachanalytischen und geistesphilosophischen Debatte in dt. Übersetzung.)

Q8: Schütt, Hans-Peter (Hg.): Die Vernunft der Tiere. Frankfurt am Main 1990. (Textauszüge von Platon bis Schopenhauer.)

Zitierte und weitere Literatur (in Auswahl)

Ach, Johann S.: Warum man Lassie nicht quälen darf. Tierversuche und moralischer Individualismus. Erlangen 1999.

Altner, Günter; Ludwig Frambach; Franz-Theo Gottwald und Manuel Schneider (Hg.): Leben inmitten von Leben. Die Aktualität der Ethik Albert Schweitzers. Stuttgart/Leipzig 2005.

Altner, Günter: Naturvergessenheit. Grundlagen einer umfassenden Bioethik. Darmstadt 1991.

Asemissen, Ulrich: Helmuth Plessner: Die exzentrische Position des Menschen. In: Josef Speck (Hg.): Grundprobleme der großen Philosophen. Philosophie der Gegenwart II. Göttingen 1973, 146–180.

Baranzke, Heike: Tierethik, Tiernatur und Moralanthropologie im Kontext von § 17 Tugendlehre. In: Kant-Studien. 96. Jg. 2005, 336–363.

Baranzke, Heike: Würde der Kreatur? Die Idee der Würde im Horizont der Bioethik. Würzburg 2002.

Baranzke, Heike: Würde der »Kreatur« und »Mitgeschöpflichkeit« – Indikatoren für einen bioethisch induzierten Paradigmenwechsel in Ethik und Recht? In: Monika Bobbert; Marcus Düwell; Kurt Jax (Hg.): Ethik – Umwelt – Recht. Tübingen/Basel 2003, 130–164.

Baranzke, Heike; Hedwig Lamberty-Zielinski: Lynn White und das dominium terrae (Gen 1,28b). Ein Beitrag zu einer doppelten Wirkungsgeschichte. In: Biblische Notizen. H. 76. 1995, 32–61.

Birnbacher, Dieter: Dürfen wir Tiere töten? In: Ders.: Bioethik zwischen Natur und Interesse. Frankfurt am Main 2006, 222–247.

Brenner, Andreas (Hg.): Tiere beschreiben. Erlangen 2003.

Breuer, Georg: Der sogenannte Mensch. Was wir mit Tieren gemeinsam haben und was nicht. München 1981.

Burghardt, Gordon M.: Die Geschichte der Tierpsychologie, mit besonderer Berücksichtigung von England und Amerika. In: Roger Alfred Stamm (Hg.): Tierpsychologie. Weinheim/Basel 1984, 14–22.

Carruthers, Peter: The Animals Issue. Cambridge 1992.

Carruthers, Peter: Animal Subjectivity. In: Psyche 4 (3), April 1998, 1–7.

Carruthers, Peter: Suffering Without Subjectivity. In: Philosophical Studies 120. 2004, 1–22.

Caspar, Johannes: Tierschutz im Recht der modernen Industriegesellschaft. Eine rechtliche Neukonstruktion auf philosophischer und historischer Grundlage. Baden-Baden 1999.

Cavalieri, Paola; Peter Singer (Hg.): Menschenrechte für die Großen Menschenaffen. München 1994.

Cheney, Dorothy L.; Robert M. Seyfarth: Wie Affen die Welt sehen. Das Denken einer anderen Art. München/Wien 1994.

Cohen, Carl; Tom Regan: The Animal Rights Debate. Lanham / Boulder / New York / Oxford 2001.

Dawkins, Richard: Art. »Progress«. In: Evelyn Fox Keller; Elisabeth A. Loyd (Hg.): Keywords in Evolutionary Biology. Cambridge, Mass. / London 1992, 263–272.

Deely, John: Basics of Semiotics. Bloomington 1990.

Dierauer, Urs: Tier und Mensch im Denken der Antike. Studien zur Tierpsychologie, Anthropologie und Ethik. Amsterdam 1977.

Dierauer, Urs: Vegetarismus und Tierschonung in der griechisch-römischen Antike. In: Manuela Linnemann; Claudia Schorcht (Hg.): Vegetarismus. Zur Geschichte und Zukunft einer Lebensweise. Erlangen 2001, 9–72.

Dinzelbacher, Peter (Hg.): Mensch und Tier in der Geschichte Europas. Stuttgart 2000.

Gethmann, Carl Friedrich: Praktische Subjektivität und Spezies. In: Wolfram Hogrebe (Hg.): Subjektivität. München 1998, 125–145.

Gharpure, Narhar Kashinath: Tierschutz, Vegetarismus und Konfession. München 1935.

Godlovitch, Stanley; Roslind Godlovitch; John Harris (Hg.): Animals, Men and Morals. An Enquiry into the Maltreatment of Non-Humans. New York, N. Y. 1972.

Griffin, Donald R.: Wie Tiere denken. Ein Vorstoß ins Bewußtsein der Tiere. München 1985.

Grünewald, Bernward: Natur und praktische Vernunft. In: Hans Werner Ingensiep; Kurt Jax (Hg.): Mensch, Umwelt und Philosophie. Bonn 1988, 95–106.

Guerrini, Anita: The Ethics of Animal Experimentation in Seventeenth-Century England. In: Journal of the History of Ideas 50. 1989, 391–407.

Hauskeller, Michael (Hg.): Ethik des Lebens. Albert Schweitzer als Philosoph. Zug/Schweiz 2006.

Heckmann, Herbert: Die andere Schöpfung. Geschichte der frühen Automaten in Wirklichkeit und Dichtung. Frankfurt am Main 1982.

Herrmann, Christoph S.; Michael Pauen; Jochem W. Rieger; Silke Schicktanz (Hg.): Bewusstsein. Philosophie, Neurowissenschaften, Ethik. München 2005.

Hoerster, Norbert: Haben Tiere eine Würde? Grundfragen der Tierethik. München 2004.

Höffe, Otfried: Ethische Grenzen der Tierversuche. In: Ursula M. Händel (Hg.): Tierschutz. Testfall unserer Menschlichkeit. Frankfurt am Main 1984.

Ingensiep, Hans Werner; Eckart Voland; Paul Winkler: Evolution des Menschen 4: Evolution des Verhaltens - biologische und ethische Dimensionen. Tübingen 1990.

Ingensiep, Hans Werner: Pflanzenseele, Tierseele und Naturverständnis. Studien zur Philosophie und Geschichte der Lebenswissenschaften. Von Empedokles bis Fechner. Habilitationsschrift. Essen 1995.

Ingensiep, Hans Werner: Tierseele und tierethische Argumentation in der deutschen philosophischen Literatur des 18. Jahrhunderts. In: Internationale Zeitschrift für Geschichte und Ethik der Naturwissenschaften, Technik und Medizin (NTM) N. S. Bd. 4. Nr. 2. 1996, 103–18.

Ingensiep, Hans Werner: Personalismus, Sentientismus, Biozentrismus – Grenzprobleme der nicht-menschlichen Bioethik. In: Theory Bioscience 116. 1997, 169–191.

Ingensiep, Hans Werner: Vegetarismus und Tierethik im 18. und 19. Jahrhundert – Wandel der Motive und Argumente der Wegbereiter. In: Manuela Linnemann; Claudia Schorcht (Hg.): Vegetarismus. Zur Geschichte und Zukunft einer Lebensweise. Erlangen 2001, 73–105.

Ingensiep, Hans Werner: Geschichte der Pflanzenseele. Philosophische und biologische Entwürfe von der Antike bis zur Gegenwart. Stuttgart 2001.

Ingensiep, Hans Werner: Expandierender Humanismus, Holismus und Evolution. In: Kristian Köchy; Martin Norwig (Hg.): Umwelt-Handeln. Zum Zusammenhang von Naturphilosophie und Umweltethik. Freiburg/München 2006, 49–68.

Joerden, Jan C.; Bodo Busch (Hg.): Tiere ohne Rechte? Berlin u. a. 1999.

Jonas, Hans: Organismus und Freiheit. Ansätze zu einer philosophischen Biologie. Göttingen 1973.

Kennedy, John S.: The New Anthropomorphism. Cambridge 1992.

Krauss, Werner: Zur Anthropologie des 18. Jahrhunderts. Frankfurt am Main, Berlin 1987.

Krebs, Angelika: Haben wir moralische Pflichten gegenüber Tieren? Das pathozentrische Argument in der Naturethik. In: Deutsche Zeitschrift für Philosophie 41. 1993, 995–1008.

Kunzmann, Peter: Die Würde des Tieres – zwischen Leerformel und Prinzip. München 2007.

Landmann, Michael: Das Tier in der jüdischen Weisung, Heidelberg 1959.

Lorenz, Konrad: Vergleichende Verhaltensforschung. München 1982.

Lorenz, Konrad; Franz M. Wuketits (Hg.): Die Evolution des Denkens. München 1983.

Lovejoy, Arthur O.: Die große Kette der Wesen. Geschichte eines Gedankens. Frankfurt am Main 1985.

Maehle, Andreas-Holger: Kritik und Verteidigung des Tierversuchs. Die Anfänge der Diskussion im 17. und 18. Jahrhundert. Stuttgart 1992.

Maturana, Humberto R.: Erkennen. Die Organisation und Verkörperung von Wirklichkeit. Braunschweig ²1985.
Münch, Paul (Hg.): Tiere und Menschen. Geschichte und Aktualität eines prekären Verhältnisses. Paderborn 1998.
Nagel, Thomas: Wie fühlt es sich an, eine Fledermaus zu sein? In: Gebauer, Michael (Hg.): Letzte Fragen. Bodenheim bei Mainz. 1996, 229–249.
Naragon, Steve: Kant on Descartes and the Brute. In: Kant-Studien 81. 1990, 1–23.
Nash, Roderick Frazier: The Rights of Nature. A History of Environmental Ethics. Madison/Wisconsin/London 1989.
Nelson, Leonard: System der philosophischen Ethik und Pädagogik. Aus dem Nachlass hg. von Grete Hermann u. Minna Specht. Göttingen ²1949.
Niewöhner, Friedrich; Jean-Loup Seban (Hg.): Die Seele der Tiere. Wolfenbütteler Forschungen. Bd. 94. Wiesbaden 2001.
Ott, Konrad: Das Tötungsproblem in der Tierethik der Gegenwart. In: Eve-Marie Engels (Hg.): Biologie und Ethik. Stuttgart 1999, 127–160.
Passmore, John: The Treatment of Animals. In: Journal of the History of Ideas 36. 1975, 195–218.
Patzig, Günter: Ökologische Ethik – innerhalb der Grenzen bloßer Vernunft. Göttingen 1983.
Patzig, Günter: Der wissenschaftliche Tierversuch unter ethischen Aspekten. Tierversuche und medizinische Ethik. In: Wolfgang Hardegg; Gert Preiser (Hg.): Beiträge zu einem Heidelberger Symposion. Hildesheim 1986, 68–103.
Plessner, Helmuth: Die Stufen des Organischen und der Mensch. Berlin / New York ³1975.
Pritchard, Michael S.; Wade L. Robison: Justice and the Treatment of Animals. A Critique of Rawls. In: Environmental Ethics 3.1. 1981, 55–61.
Rachels, James: Created from Animals. The Moral Implications of Darwinism. Oxford 1990.
Radner, Daisie; Michael Radner: Animal Consciousness. Buffalo, N. Y. 1989.
Rawls, John: Eine Theorie der Gerechtigkeit. Frankfurt am Main 1979.
Regan, Tom: The Case for Animal Rights. Berkeley / Los Angeles, CA ²2004.

Regan, Tom; Peter Singer (Hg.): Animal Rights and Human Obligations. Englewood Cliffs, N. J. 1976.

Rothacker, Erich: Philosophische Anthropologie. Bonn ^{5}1982.

Rothschuh, Karl E.: Physiologie. Der Wandel ihrer Konzepte, Probleme und Methoden vom 16. bis. 20. Jahrhundert. Freiburg/München 1968.

Ryder, Richard: Painism. A Modern Morality. London 2001.

Ryle, Gilbert: The Concept of Mind. London 1949.

Schäfer, Lothar: Das Bacon-Projekt. Von der Erkenntnis, Nutzung und Schonung der Natur. Frankfurt am Main 1999.

Scheler, Max: Wesen und Formen der Sympathie, Bonn ^{2}1923.

Singer, Brent A.: An Extension of Rawls' Theory of Justice to Environmental Ethics. In: Environmental Ethics 10. 3. 1988, 217–231.

Singer, Peter (Hg.): Verteidigt die Tiere. Überlegungen für eine neue Menschlichkeit. Wien 1986.

Singer, Peter: Befreiung der Tiere. Eine neue Ethik zur Behandlung der Tiere. München 1982.

Singer, Peter: Praktische Ethik. Stuttgart ^{2}1994.

Singer, Peter; Jim Mason: The Way We Eat. Why our Food Choices Matter. Emmaus, PA 2006.

Sorabji, Richard: Animal Minds and Human Morals. The Origins of the Western Debate. London 1993.

Sutter, Alex: Göttliche Maschinen. Die Automaten für Lebendiges. Frankfurt am Main 1988.

Thero, Daniel P.: Rawls and Environmental Ethics. In: Environmental Ethics 17. 1. 1995, 93–106.

Thies, Christian: Einführung in die philosophische Anthropologie. Darmstadt 2004.

Thomas, Keith: Man and the Natural World. A History of the Modern Sensibility. New York 1983.

Tomasello, Michael: Die kulturelle Entwicklung des menschlichen Denkens. Frankfurt am Main 2006.

Tooley, Michael: Abortion and Infanticide. In: Philosophy & Public Affairs 2. 1. 1972, 37–65 (erw. dt. Fassung in Anton Leist [Hg.]: Um Leben und Tod. Frankfurt am Main 1990, 157–195).

Uexküll, Jakob von: Umwelt und Innenwelt der Tiere. Berlin ^{2}1921.

Uexküll, Jakob von: Theoretische Biologie. Frankfurt am Main 1973.

Uexküll, Jakob von; Georg Kriszat: Streifzüge durch die Umwelten von Tieren und Menschen. Berlin 1934.

Von der Pfordten, Dietmar: Ökologische Ethik. Zur Rechtfertigung menschlichen Verhaltens gegenüber der Natur. Reinbek 1996.

Warren, Mary Ann: Moral Status. Obligations to Persons and Other Living Things. Oxford ^{2}2000.

Wiedenmann, Rainer E.: Protestantische Sekten, höfische Gesellschaft und Tierschutz. Eine vergleichende Untersuchung zu tierethischen Aspekten des Zivilisationsprozesses. In: Kölner Zeitschrift für Soziologie und Sozialpsychologie. 48. Jg. 1996, 35–65.

Wolf, Jean-Claude: Tierethik. Neue Perspektiven für Menschen und Tiere. Freiburg/Schweiz 1992.

Wolf, Ursula: Das Tier in der Moral. Frankfurt am Main 1990.

Wuketits, Franz M.: Die Entdeckung des Verhaltens. Eine Geschichte der Verhaltensforschung. Darmstadt 1995.

Zander, Helmut: Geschichte der Seelenwanderung in Europa. Alternative religiöse Traditionen von der Antike bis heute. Darmstadt 1999.

Schlüsselbegriffe

Anthropomorphismus brandmarkte ursprünglich die Vermenschlichung von Göttern; Vorwurf des Behaviorismus gegen eine Tierpsychologie, die menschliche Vorstellungen oder Wünsche auf Tiere projiziert.

Anthropopathie menschliches Vermögen, nichtmenschlichen Wesen Empfindung, Gefühl oder Leidenschaft zuzuschreiben.

Anthropozentrismus Weltanschauung, der zufolge der Mensch allein (zum Beispiel als *animal rationale*) im Mittelpunkt der Natur steht; nicht zu verwechseln mit der Position eines »Ratiozentrismus«, der allein eine vernünftige Begründung (zum Beispiel von Ethik) akzeptiert.

Autotrophie Vermögen eines Organismus, sich selbst ohne Nutzung anderer Organismen zu ernähren, zum Beispiel einer höheren Pflanze mittels Fotosynthese.

Behaviorismus in der Verhaltensforschung des 20. Jahrhunderts etablierte Strömung, die nur verifizierbare Beobachtungen und Beschreibungen von Reiz-Reaktions-Vorgängen bei Tieren für methodisch legitim hält, etwa bei der Beobachtung von Lernverhalten im »Skinner-Käfig«.

Biophilosophie Sammelbegriff für heterogene Positionen in der Philosophie der Biologie und des Organischen.

Cartesianismus in der Tierethik die Auffassung in Anlehnung an Descartes, Tiere seien bewusstseins- und empfindungslose Automaten; im weiteren Sinn eine dualistische Rechtfertigung der Sonderstellung des menschlichen Geistes.

Deontologie ethische Sollens- beziehungsweise Pflichtenlehre. Tierethisch geht es vor allem darum, ob Tieren gegenüber direkte (Regan) oder nur indirekte Pflichten (Kant) bestehen.

Doppelaspektivität Kunstausdruck Plessners für die methodische Überwindung dualistischer Sichtweisen im Organischen durch eine Biophänomenologie, die sich am Begriff der »Positionalität« orientiert.

Entelechie Kunstausdruck der aristotelischen Naturphilosophie, der von Naturwesen behauptet, dass sie in sich selbst ein Ziel haben.

Essentialismus in der Biophilosophie die dogmatische Zuschreibung von diskreten, klaren Wesenseigenschaften zu Mensch, Tier oder Pflanze.

Funktionskreis Fachterminus von Jakob von Uexküll, der Funktionsbeziehungen bei der subjektiven Eingebundenheit eines Tiersubjekts in seine »Umwelt« (gemeint ist die Eigenwelt) beschreibt.

Heterotrophie Kennzeichen eines Organismus, sich nur mittels fremder Organismen zu ernähren, zum Beispiel Ernährung von höheren Tieren durch Pflanzen.

Hierarchie klassischer Kurzbegriff für eine etablierte Seins- oder Wertrangordnung, zum Beispiel in der antiken Seelenstufenlehre des Aristoteles, wonach Pflanze, Tier und Mensch dem Vollkommenheitsgrad ihrer Seelen gemäß in ein hierarchisches Schema gebracht werden, welches die teleologische Legitimation für eine anthropozentrische Nutzenordnung beinhaltet, das heißt, Pflanzen und Tiere sind um des Menschen willen da.

Ideation methodischer Terminus im Anschluss an die Phänomenologie (Husserl), wonach Wesenseinsichten, zum Beispiel essenzielle Bestimmungen des Tieres (zum Beispiel Empfindung), anhand von Einzelfällen miterfassbar sind.

Instinkt in der stoischen Tierphilosophie geprägter, heute oft als unwissenschaftlich kritisierter Begriff für natürliche, angeborene Vermögen; wurde in der Alltagssprache und Wissenschaft benutzt, um angeborene Verhaltensdeterminationen von Tieren von der Handlungsfreiheit des Menschen abzugrenzen.

Intentionalität Bewusstseinsart als subjektive Fähigkeit, gerichtete Gedanken oder Absichten zu haben.

Interesse in der Tierethik ein definitorisch schwankender Schlüsselbegriff, um Tieren ein ihnen eigenes Wohl und darüber hinaus einen moralischen Status zu attestieren; oft werden schwache von starken Interessen im Sinn von unbewussten (Y liegt im Interesse von X) und bewussten (X hat ein Interesse an Y) Interessen unterschieden.

Introspektion ein In-sich-Hineinsehen, Vermögen zur inneren, psychischen Selbstbeobachtung von Phänomenen (zum Beispiel Qualia) um deren Erkenntnis willen.

Kluger-Hans-Effekt bezeichnet ungewollte und unbewusste Interaktionen zwischen Experimentator und Tier, die zur Verfälschung beziehungsweise Vortäuschung tierischer »Intelligenz« oder »Sprache« führen. Wird kritisch u. a. in Bezug auf »Affensprache« (Sebeok) eingesetzt.

Mitleidsethik eine vor allem an Schopenhauer anschließende Tierethik, in der das Mitleid und nicht die Vernunft Ausgangspunkt ist.

Moral agent / patient in der angelsächsischen Ethik (Regan) gängiger Ausdruck zur Unterscheidung eines ethischen Akteurs von dem von einer Handlung betroffenen Wesen.

Moralischer Status in der anglophonen Tier- und Bioethikliteratur gängiger Terminus, der ethische Relevanz an empirische Eigenschaften bindet, zum Beispiel an Empfindungsfähigkeit.

Oikeiosis Lehre der stoischen Naturphilosophie, wonach die empfindungsfähigen Lebewesen von der natürlichen Vorsehung mit sich selbst »befreundet« werden, das heißt, durch natürliche Instinkte zur Selbst- und Arterhaltung angeleitet werden.

Organismus aristotelisch betrachtet eine Körper-Seele-Ganzheit zur Verwirklichung von Seelenzwecken, wobei der Körper das Werkzeug ist; modern biologisch betrachtet eine evolutiv adaptierte Funktionseinheit.

Perspektive der ersten / dritten Person Bezeichnung für die Beschreibung eines Sachverhalts aus der Innen- (ich) oder Außenperspektive (er, sie, es); tierpsychologisch relevant in der Frage »Autophänomenologie« versus »Heterophänomenologie« (Dennett).

Positionalität, zentrische/exzentrische Fachtermini bei Plessner zur Charakterisierung der besonderen Daseinsweise von Tier und Mensch gemäß ihrer Organisation beziehungsweise Wesensform.

Präferenzutilitarismus utilitaristische Position (Singer), wonach Wesen mit Zukunftsbewusstsein besondere ethische Berücksichtigung verdienen.

Qualia phänomenale Bewusstseinszustände bei Mensch und Tier (wie Rotsehen), die nur in einer Perspektive der ersten Person unmittelbar zugänglich und nach Nagel irreduzible Eigenschaften des Subjekts sind.

Scala naturae Terminus für eine natürliche Stufenordnung gemäß einer linear aufsteigenden Leiter (Mineralien, Pflanzen, Tiere, Mensch), die zum naturphilosophischen Gedankengut der Neuzeit gehört (Bonnet).

Sentientismus Position in der angelsächsischen Tierethik (Ryder), wonach die Empfindung von Freude und Leid einen moralischen Status von Tieren notwendig und hinreichend begründet.

Speziesismus von Ryder 1969 in Analogie zum Rassismusbegriff geprägter, von Singer etablierter Kampfbegriff in der Tierethik, dem zufolge Menschen eine Sonderstellung und unberechtigte Vorteile für sich bloß mit ihrer Zugehörigkeit zur Spezies Mensch rechtfertigten.

Teleologie naturphilosophische Lehre vom Ziel, Zweck, Sinn aller Lebewesen; man unterscheidet eine interne (horizontale) Teleologie, wonach jedes Lebewesen sich entelechial selbst hervorbringt (Pflanze, Tier, Mensch), von einer externen (vertikalen) Teleologie, wonach der Existenzzweck auf je höhere Wesen (Gott beziehungsweise Mensch) bezogen wird. So wurde der Seinszweck des Tieres in einer Nutzenhierarchie für Menschen legitimiert. Davon zu unterscheiden ist der Gebrauch des Teleologiebegriffs in der Ethik im Sinne einer Folgenethik als Gegenbegriff zur Deontologie (Pflichtenethik).

Teleonomie moderner biophilosophischer Fachterminus für die Besonderheit im Organischen; nach Mayr ist organische Zielgesetzlichkeit durch geschlossene oder offene genetische Programme gekennzeichnet.

Theory of Mind analytischer Begriff, unter anderem für die Vorstellung einer »Theorie des Geistes« bei Tieren und das Problem, ob sie »wissen, was sie wissen« (Cheney/Seyfarth).

Tropismen extern induzierte Bewegungsweisen bei Pflanzen (zum Beispiel Fototropismus), die auf Tiere übertragen wurden, um ihr Verhalten rein »mechanistisch« (das heißt hier physiologisch ohne Psyche) erklären zu können (Loeb).

Utilitarismus durch Bentham und Mill begründete Lehre, der zufolge nur der allgemeine Nutzen, die Folgen einer individuellen Handlung oder Regel, ethisch relevant sind.

Zeittafel

Antike

Wie kein anderer hat Aristoteles (384 - 322 v. Chr.) das abendländische Bild vom Tier geprägt. In seiner Schrift *De anima* bestimmt er die Seele als das Lebensbewegungsprinzip organischer Körper und entwickelt eine Hierarchie der Seelenvermögen, in der die wahrnehmungs- und empfindungsfähigen Tiere zwischen den empfindungslosen Pflanzen und den empfindungs- und denkfähigen Menschen eingeordnet werden. Diese hierarchische Seelenstufenordnung bestimmt die Lehre von den Naturreichen bis weit in das 19. Jahrhundert hinein.

Die Stoa entwickelt die aristotelische Seelenlehre weiter zur Oikeiosis-Lehre, der Keimzelle für die bis zu Konrad Lorenz reichende Theorie vom arteigenen Instinkt der Tiere.

Aus den bedeutenden antiken philosophischen Ethiken, die dem Grundmuster symmetrischer Beziehungen zwischen freien und gleichen Vernunftwesen folgen, bleiben die Tiere ausgeschlossen - so bei Aristoteles, in der Naturrechtsethik der Stoa und auch in der Vertragsethik des Epikur (341 - 270 v. Chr.). Insbesondere der stoische Anthropozentrismus fordert eine philosophische Debatte über die Vernunft der Tiere heraus. Mitleid und Barmherzigkeit mit Tieren, die auf dem Hintergrund des Alten Testaments von frühjüdischen Vertretern eingebracht werden, werden als Affekte aus der Perspektive des griechisch-hellenistischen Intellektualismus kritisch beurteilt und bestenfalls tugendethisch in Form des Verrohungsarguments integriert.

Mittelalter

Während der stoische Anthropozentrismus von Augustinus (354–430) ungebrochen in das Mensch-Tier-Verhältnis des lateinischen Westens vermittelt wird, wird er von Thomas von Aquin (1224–1274) durch die Rezeption der aristotelischen Vermögenspsychologie und die theozentrische Einbindung der Naturreiche in den mittelalterlichen Ordo gemildert. Dadurch werden Tiere als empfindungsfähige Lebewesen und Geschöpfe Gottes im Bewusstsein gehalten, ohne dass daraus aber bereits nennenswerte ethische Konsequenzen gezogen worden wären. Vielmehr bleibt das intellektualistische Gleichheitsideal der aristotelischen Ethik bestimmend.

Neuzeit

René Descartes (1596–1650) radikalisiert die stoische Instinkttheorie zu einer Automatentheorie der Tiere. Die »vernunftlosen« Tiere werden zu seelenlosen göttlichen Automaten. Descartes' Automatentheorie wirkte sich im 17. und 18. Jahrhundert auf die Vivisektionsdiskussion aus und erfährt in der modernen Geistesphilosophie eine Renaissance.

Gegen Descartes und anknüpfend an Aristoteles entwickelt John Locke (1632–1704) seine Tabula-rasa-Epistemologie. Lockes Vernunftskeptizismus rückt das Tier als Sinnen- und Erfahrungswesen an den Menschen heran. Sein sensualistischer Empirismus im Verbund mit dem nachcartesianischen Materialismus bereitet lerntheoretischen und behavioristischen Konzeptionen vom Tier den Weg. Mit der epistemologischen Aufwertung der Sinnlichkeit einher geht die moralphilosophische Aufwertung der Gefühle in der angelsächsischen Moral-sense-Philosophie. In der Sympathielehre von David Hume (1711–1776) transformiert sich das antike kosmische Prinzip der Sympathie in ein individuelles handlungsleitendes Gefühl des Mitleids. Auf diesem Hintergrund kann das biblische Barmherzigkeitsmotiv für das praktische Mensch-Tier-Verhältnis an moralisch-argumentativer Kraft gewinnen. Dieser wie auch aufklärerische und schließlich sogar revolutionäre Impulse entfachen im 18. Jahrhundert eine intensive Tierrechtsdebatte. So wird das neuzeitliche Naturrecht anders als das stoische für asymmetrische »Pflichten des Menschen in Ansehung der Tiere« geöffnet, die sich in säkularisierter Form schließlich auch in der kantischen Tugendlehre niederschlagen.

19. Jahrhundert bis zur Gegenwart

Im 19. Jahrhundert wirken sich zunächst die natur- und gottesrechtlich begründeten Pflichtenlehren in den Tierschutzbewegungen der Reformationsländer aus. Um 1900 wird in der deutschsprachigen Tierschutzbewegung die Mitleidsethik von Arthur Schopenhauer (1788–1860) inklusive seiner antijudaistischen Polemik rezipiert. Auch Albert Schweitzers Ethik der Erfurcht vor dem Leben ist von Schopenhauers Mitleidslehre inspiriert, Schweitzer (1875–1965) erkennt aber auch die alttestamentlich-jüdische Barmherzigkeitstradition gegenüber Tieren an. In der angelsächsischen Tierschutzbewegung dominiert hingegen weiterhin der Tierrechtsgedanke, an den die neue Tierrechts- und Tierbefreiungsbewegung in England und den USA seit den 1970er-Jahren unter der Führung von Peter Singer (geb. 1946) wieder anknüpft. Aufgrund der berühmten Frage »Can they suffer?« von Jeremy Bentham (1748–1832) wurde der pathozentrische Utilitarismus zur bestimmenden Theorie in der englischsprachigen Tierethik.
Die Evolutionstheorie von Charles Darwin (1809–1882) beeinflusst zunehmend die tierethische Debatte. Als neue dominierende Weltanschauung verändert sie das Tier- und Menschenbild durch die Infragestellung der hierarchisch-teleologischen Naturordnung einerseits und durch die Naturalisierung des Menschenbildes andererseits, wodurch der neue Schlüsselbegriff »Speziesismus« in der Tier- und biomedizinethischen Diskussion verankert wurde.
Die durch Darwin forcierte Entteleologisierung in den Naturwissenschaften führt ab 1900 zu einem verstärkten Bemühen um Begriffsklärungen in der Beschreibung tierlichen Verhaltens. Der von Jakob von Uexküll (1864–1944) unternommene Versuch einer objektiven Erfassung tierischer Subjektivität und die Phänomenologie regen Auseinandersetzungen mit dem Tier als Subjekt an, zum Beispiel bei Helmuth Plessner (1892–1985) und bei Hans Jonas (1903–1993).
In den Diskussionen der analytischen Philosophie sowie der Geistesphilosophie und Phänomenologie spielt das Tier nun eine beständige unübersehbare Nebenrolle, um die besonderen Begabungen des Menschen zu klären, wie implizit in Thomas Nagels Aufsatz »What is it like to be a Bat?« (1974).